小博物学家野外考察手册

（北京及周边地区）

主　编：朱　江

编　撰：朱　江　马洪梅

　　　　张　峥　高红雨

学苑出版社

图书在版编目（CIP）数据

小博物学家野外考察手册:北京及周边地区/朱江主编 . —北京:学苑出版社，2013.7

ISBN　978 – 7 – 5077 – 4317 – 3

Ⅰ.①小… Ⅱ.①朱… Ⅲ.①科学考察 – 北京市 – 少儿读物 Ⅳ.①N82 – 49

中国版本图书馆 CIP 数据核字（2013）第 155220 号

责任编辑　任彦霞
出版发行　学苑出版社
社　　址　北京市丰台区南方庄 2 号院 1 号楼
邮政编码　100079
网　　址　www. book001. com
电子信箱　xueyuan@ public. bta. net. cn
销售电话　010 – 67675512、67678944、67601101（邮购）
经　　销　新华书店
印　刷　厂　北京东君印刷有限公司
开本尺寸　710mm×1000mm　1/16
印　　张　15
字　　数　230 千字
版　　次　2014 年 1 月第 1 版
印　　次　2014 年 1 月第 1 次印刷
定　　价　38.00 元

前　言

　　小时候，我们会对大自然中的许多事物感到好奇，天空中的云是什么？什么时候会下雨，冰雹又是怎么回事……也许会蹲在地上看雨水怎样汇成溪流，或者看蚂蚁成群结队地运动……

　　自从我开始教师生涯，每当假日，我都会带领一些学生到郊外去活动。白天，我们翻山越岭，穿越丛林小溪；夜晚，我们观察璀璨的星空。每个假期都过得充实而有趣。在专家的指导下，我逐渐积累了许多野外活动的经验，也认识了不少岩石、植物、昆虫。

　　当学苑出版社社长谈起让我编写一本野外考察手册时，我心中还是有些忐忑的。从博物学的角度说，我并不是一个全才，但多年带青少年做野外考察活动，经验还有一些，加上我广泛的业余爱好，天文、地理、生物、摄影都有所涉猎。我愿意在这里和大家一起分享，希望这本书能够起到抛砖引玉的作用，给青少年以及家长、老师一些启示，了解在野外进行观察、记录以及采集标本的基本方法，启发青少年对大自然的热爱和兴趣，培养青少年基本的科学素养，让他们学着像博物学家那样有计划、有步骤地去考察。

在编写本书的过程中，和学生交流的一些片断常常会浮现在我的眼前。实践活动对孩子的影响常常是我们想不到的，一次好的实践活动常常会成为人一生中最难忘的记忆。1987年，我第一次带学生观测日食。多年以后，我偶然遇到一个参加过活动的学生，他见面第一句话就是："那次日食活动是我终生最难忘的"。当时我的自豪感油然而生。

当青少年对某个东西产生兴趣以后，他们的观察能力常常比成人还要强。很多年以前，我经常带着一些学生在单位旁边的公园里观察。我们会爬到山顶远望，测试大气的透明度，也会观察花开花落、草木枯荣，乃至观察蜜蜂怎样采蜜。学生的一句传神的话"你看那只贪婪的小蜜蜂腿上沾了那么多花粉！"让我难忘。

后来有了数码照相机，我们观察和记录

的手段就更多了。那年我们去草原，草原上的草很细小，但花很鲜艳，我几乎是趴在地上给花拍照。孩子们在旁边看见后很好奇地问："老师您在做什么？"我把拍到的照片给他们看，有美丽的小花，还有小昆虫，他们在镜头中发现了奇妙的自然世界。后面的几天，他们经常会帮我发现很多更奇妙的东西。

尽管考察是有趣的，但多年的野外活动给我的最重要的经验，也是我最想告诉大家的是，探索自然不是探险，自然考察的目的是发现并保护美丽的大自然。因此，首先要学会在大自然中保护好大自然也保护好自己，然后才能在考察中获取知识和乐趣。

为了方便查阅，本书分为植物、动物、气象、地质、天文五章，以及摄影知识、安全知识等。除了安全知识以外，其他内容完全可以根据自己的兴趣选择阅读参考的顺序。为了给读者提供更多有参考意义的图片资料，随书附赠了一张光盘。

本书在编写过程中得到了我的大学同学孟白社长的鼎力支持，从开始策划到章节编排，再到最后审校定稿，我们多次讨论。任彦霞编辑多方协调，首都师范大学的徐建英副教授、北京大学附小的杨融冰老师、北京学生活动管理中心以及北京市东城区青少年科技馆等单位的许多老师也都为此书的编写出版贡献了智慧，在此一并表示衷心的感谢！

由于作者水平有限，本书必定存在很多不足之处，希望有识之士批评指正。

朱　江

2013 年 5 月 21 日

目录

第一章

亲近植物

地球的陆地上到处生长着植物，是地球与宇宙中其他星球有别的重要特征。植物是地球上很多生物存在的基础，也是我们美好生活环境的重要组成部分。

植物不仅为人类生产、生活提供着丰富的物质资源，还装点了我们的生活空间。庭院中无花草，就缺少了情趣；山水中无草木，就没有了生气；就是在拥挤的居室中，人们也会栽培上一两盆花草。

可是你真的了解植物吗？现在就让我们一起来认识它们吧！

人类目前认识的高等植物约有 30 万种，我国约有 3 万种。要认识这么多植物是不容易的。但是，我们可以掌握植物分类的基本方法，了解植物一些重要的科或属的特征，这将对我们认识植物大有帮助。

QINJIN ZHIWU

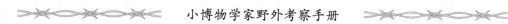

本章特别提示

安全提示

应该在成年人陪同下进行野外观察，尤其不要独自到人烟稀少的林区进行观察，以防迷路和其他意外事故发生。

一些植物的汁液、花粉是有毒的，还有的植物的枝叶、果实带有毛刺，要注意防护，避免受伤、中毒和花粉过敏等。

必须注意保护城市、公园及自然环境中的绿地，尽量采取不破坏植物生长的观察方式。

山林中会有蛇、蝎等可能危害人类的动物，要注意防护。

山区地势复杂，要随时留意脚下的路，尽量不要远离道路，不要在峭壁悬崖附近逗留观察。

必备物品

钢笔、笔记本、铅笔、速写本、放大镜、剪子、防蚊虫药、卷尺、指北针。

装备

帽子、长袖上衣、长裤、旅游鞋、松紧带、太阳镜。

选备物品

照相机、高度表或 GPS。

拓展阅读

《北京地区常见植物与昆虫图册》（中国林业出版社，1999 年版）

《北京植物志》（北京出版社，1984 年版）

《野外观花手册》（化学工业出版社，2008 年版）

《常见植物野外识别手册》（重庆大学出版社，2007 年版）

国家林业局网站 http：//www.forestry.gov.cn

首都园林绿化政务网 http：//www.biyl.gov.cn

中国科学院植物研究所网站 http：//www.ibcaj.cn

中国数字植物标本馆 http：//www.plantphoto.cn

中国植物图像库 http：//www.cvh.org.cn

一单元　我们的百草园

图 1 - 1 - 1　园林绿地

活动内容

观察城市常见的各种植物，了解植物的基本分类方法。

活动准备

可先浏览网站或阅读相关资料，了解植物的基本形态特征。

观察点拨

在我们周围，有种类繁多的植物，要认识它们，就必须知道科学家是怎样给植物分类，又是如何描述它们的。

观察植物要选择一个植物种类比较丰富的地方，如公园、街心花园、广场等。如果能找到观察地的景点分布图就更好了。

在我国北方地区，大部分植物都有着明显的季相变化，春季发芽，夏季枝叶繁茂，秋季叶子变色、凋落，只有少数植物没有明显的季相变化。大部分植物都有着一定的花期和果实成熟期。开花的时间有早有晚，有早春开花的，也有晚秋开花的，还有花期很长，甚至从春到秋一直开花的；有的先开花、后长叶，有的先长叶、后开花；果实成熟的季节也不同。

了解植物的形态特征，首先看它们是木本还是草本。更细节的特征则是枝干、叶子、花和果实等的形态。

> **提示**
>
> 要注意观察植物的生存环境、季相变化和形态特征。
>
> 生存环境一般是指它们生长在陆地上还是水中。陆地上的环境，又有平原、山地、水边、干旱沙地等之分；水中生长的植物则要注意观察它们在水中的位置，是漂浮在水面上，还是沉没在水中，扎根在泥里，以及枝叶是否挺立于水面之上等。季相简单地说就是植物在不同季节表现的外貌。

问题

在你做观察的公园里，有哪些类型的植物？

通过观察，你认为不同类型的植物在我们的城市中分别起到了什么作用？

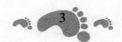

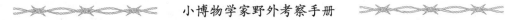
跟我来

公园里的观察

我家附近有一个公园，周末，我和爸爸妈妈经常到公园中散步。公园里花草繁茂，绿树成荫，园中有一池湖水，湖岸垂柳依依，湖里莲花盛开，美不胜收。

> **植物分类**
>
> 植物根据形态特征分为木本植物、草本植物和藤本植物等。
>
> 植物根据生态类型分为水生植物和陆生植物。

公园里种植的树木花草种类很多。很久以前，我就对它们非常感兴趣。你看那些高大的乔木，枝繁叶茂，就像一把把大伞，给我们创造了一片片绿荫。

也有一些不高的小树，它们虽然没有很大的树荫，却能开出美丽芬芳的花朵，结出鲜美的果实，吸引着蜜蜂、蝴蝶来采蜜，小鸟、松鼠来收获果实。

公园门前的空场上，有一个大花坛，各种花草经常被园艺工人们精心修饰成有趣的图案。从春到秋，各色鲜花争芳斗艳。

园中的小径边，丛生的灌木排成了行，它们枝条细长低垂，优美的曲线与弯曲的小径搭配得相得益彰。

湖边是一个小茶室，茶室前搭着一个凉棚，上面爬满了藤萝；凉棚下有几只石桌，数十个石凳。逛累了，坐在那里喝一杯茶，欣赏一下湖光山色、莲叶荷花，还有那大个儿的红鲤鱼，真的是好惬意。

仔细观察，我发现湖中的莲叶有大有小，大的像一只只大蒲扇，它们高高挺立出水面，花大而淡雅，呈白色或淡粉色；小的叶子只有碗口大，它们常常平铺在水面上，花也贴生在水面上，小而艳丽，紫红色或鹅黄色。水中还有一些更小的圆圆叶子的浮萍，常常可以看到鲤鱼去啄它们。

茶室旁边有一大片草坪，草叶细细的，一丛丛的。我最喜欢看园艺工人推着割草机在那里割草，随着割草机嗡嗡地从草坪上走过，那种清新的青草气味真是沁人心脾。

这一片小树林树干笔直，树高大都有十几米，树冠不算很大，枝叶茂密。它们的叶子很小，一年到头都是绿色的，它们是本地区最常见的常绿树种，属于裸

子植物。

　　裸子植物是起源比较早的古老植物，大部分为高大乔木。

　　围墙边上那几株树也有着笔挺的树干，但叶子非常奇特，像一把把小扇子，它们就是有着活化石之称的银杏树，也属于裸子植物。每当深秋，银杏叶子变成了金黄色，围墙上的爬山虎变成了红色，就是这里最美的时光了。

图1－1－2　古柏和银杏

图1－1－3　城市公园

观察、记录

在景点分布图上编号记录观察到的不同类型的植物，用素描方式画出一些观察点的草图，或者用照相机把每个观察点的景观拍照下来。

试绘制一幅观察地点的植物类型分布图，如下图所示：

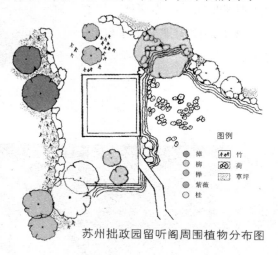

图例
⬤ 樟
⬤ 柳
⬤ 榉
⬤ 紫薇
◯ 桂
竹
荷
草坪

苏州拙政园留听阁周围植物分布图

我来解释

高大的乔木常常被栽种在公园和庭院中，也常被栽种在路边，它们起到了为我们遮阳、除尘、降噪等作用；矮小的灌木常常被用来建造路边和花坛的绿篱，起着美化环境、保护草坪等作用；藤本植物大多被栽培于墙边，或搭建凉棚，创造了良好的休息场所；草本植物用于营建草坪和花坛，起着防尘和美化环境的作用。

延伸活动

在我们的校园、居住区，或街道、河道边做一次观察。

思考：我们附近的植物分布是人们精心布局，细心培育的，还是随意栽种的？是否可以做一些改进？

绘制一幅目前观察地的植物分布图。

提出自己的改进建议，并绘制一幅规划设计图。

二单元 植物的身体

图 1 - 2 - 1 蒲公英果实

活 动 内 容

观察城市常见的各种植物，初步认识植物身体的主要组成部分。

活 动 准 备

可先浏览网站或相关资料，了解植物身体的基本组成部分。

观 察 点 拨

植物体的各个组成部分有着不同的形态特征，其特征与其功能有着密切的联系，要注意观察。

大部分植物的生长有着明显的季节性，我们一般不能同时看到其全部的组成部分。要想看到一种植物的全部组成部分，需要多次地观察。

问 题

除草为什么要除根？

通过观察，你注意到植物茎的形态与其个体大小的关系了吗？

> **植物的身体**
>
> 植物身体的组成部分包括根、茎、叶、花、果实和种子。

跟我来

北海公园

北海公园是北京城中水面比较大的公园。每当夏季，湖中荷花盛开，岸边柳枝婆娑，鸟语花香，风景宜人。公园中还栽培了种类众多的草木花卉，是我们了解植物的一个好地方。

在北海东岸边，低垂的柳丝纤细而柔软，这是当年抽出的新枝，枝上布满了密密的嫩叶。树木的枝条和粗壮的树干都是茎。柳树在早春开花，种子 5 月初就能成熟，那时漫天的飞絮就是它们的种子。因此，到了夏天，我们既看不到它们的花，也看不到它们的果实和种子。

湖边林荫路的两侧，有一些灌木丛，它们主干弯曲向上，上部的细枝长而低垂，枝头正开满了一串串粉红色的花。它们是紫薇，初夏开始开花，一直可以开到深秋，所以，在夏末秋初，我们就可以看到它们花果同在的样子了。

灌木丛的周围是成片的草坪，草坪由禾草组成，它们的花（专业上称作花穗）大多是绿色或黄色的，一点也不起眼，不仔细观察，很难发现。

草丛中零星分布着二月兰和蒲公英。二月兰的枝细而长，有很多分叉，叶子由下向上逐渐变小，枝上挂着许多细长的果实；蒲公英的叶子平铺在地面上，细长的花梗直直的，顶端是圆球形的果子（专业上称作果序），轻轻触碰它，一个个小果实就驾着小伞飞上了天。

几位园林工人正在草坪中拔草，他们把二月兰连根拔起，却没有去碰蒲公英。

我好奇地问他们："为什么要拔掉二月兰？"

"因为它们的生长速度快，不仅破坏了草坪的景观，还抢夺了更多的水分和营养，影响了草坪的正常生长。"

"那蒲公英呢？"

"你看它们个子矮矮的，又没有多少分枝，开花结果都那么可爱，不仅不影响草坪的景观，还起到了点缀草坪的作用，我们怎么舍得拔掉它们呢？"

"那二月兰的花不是也很好看吗？"

"你放心，明年春天它们还会自己长出来的，我们每年都是等它开花过后才拔除它们的。你要是想看花，春天来就一定能看到。"

观察、记录

在附近选择一个有多种植物（包括野生植物和栽培植物）的地方进行观察，在记录表（见205页附录）上填写观察记录。

用照相机把每种植物的重要部分拍摄下来，也可以用素描方式画出它们的草图。

我来解释

除草要连根

通过我的观察，野生杂草的根一般都很粗壮，上面常常有很多芽。如果只是将其地面茎叶除去，它们很快又会萌芽长大。连根除草后，虽然它们还会有种子留在土地里，但种子的萌芽往往要到来年。

提示

拍摄大小不同的植物，以及植物的不同部位需要不同的焦距。高大的植物需要用广角拍摄，否则难以拍全；比较小的花和果实需要使用微距，可以拍到更好的特写。目前许多照相机上带有一个小花的档就是微距档。

植物茎的形态与其个体大小的关系

个体高大的植物，茎干一般比较粗壮，而且一般是木本植物；分枝多的植物茎干体积更大一些；矮小的草本植物茎干常常短小细弱，有的甚至没有主干。

延伸活动

在冬季观察各种植物

木本植物都是多年生的。在北京地区，室外生长的木本植物冬天虽然没有叶和花果，但生命活动并没有停止；还有一些植物即使在寒冷的冬季，上面仍然有叶子，甚至还有正在生长的果实。

到街头绿地或公园去寻找有叶子和果实的植物，探究它们是否还在继续生长。观察没有叶子和花果的植物，寻找它们的生命迹象。

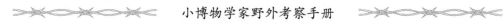

三单元　不开花的植物

图 1 - 3 - 1　菌群

活动内容

寻找和观察常见的不开花的植物，了解它们的基本形态特征、生存条件和在环境中所起的作用。

活动准备

可先查阅《北京地区常见植物与昆虫图册》，或浏览相关网站和其他相关资料，了解不开花的植物都有哪些。

观察点拨

无花植物包括低等植物，以及高等植物中的苔藓和蕨类植物。低等植物包括藻类、菌类和地衣。

低等植物和苔藓个体比较小，生存于比较极端的环境条件下，如过度潮湿、过度干旱、光照缺乏、土层瘠薄甚至是岩石表面等处。

在上一单元我们所了解的植物身体的组成部分中，无花植物往往只拥有其中的部分组成成分，要注意观察它们没有哪些部分。

问题

我们经常在哪些地方见到藻类、菌类、地衣、苔藓和蕨类植物？

无花植物和有花植物最主要的区别有哪些？

山居小记

暑假，我和妈妈到山里去避暑。那是一座海拔 1000 多米的山，我们就住在了半山腰的农家。山上草木茂盛，山中溪水潺潺，很是凉爽舒适。

傍晚，坐在溪水边的石头上，看着碧绿的山峦，听着淙淙的溪水，真是令人心旷神怡。

清澈的溪水中有几条小鱼在啄食着水草，水中生长的水草各种各样，有的叶子是细细的，也有的叶子比较宽。仔细观察，水中还有更微小的绿色植物，在放大镜下观察，它们呈球形，应该是球藻。通过查阅资料，我知道了，球藻属于绿藻门，是种类最多、分布最广的藻类。最常见的小球藻不仅没有花和果实，也没有根和茎，它是单细胞植物，靠细胞分裂繁殖后代。

别看小球藻个体微小，它却是非常重要的资源。它生长繁殖迅速，而且蛋白质含量高，不仅是鱼类的重要饵料，如果能大量采集，还可以加工成高蛋白食品供人类享用。

捞起一根叶子细细的水草，可以发现它的叶子是一圈一圈地长在纤细的枝上的，枝上有明显的节，底端还有根，用放大镜可以看到节上有一些橘红色和褐色的东西。通过查阅资料，我知道了这是一种比较复杂的藻类植物——轮藻，节上那些橘红色和褐色的东西就是它们的繁殖器官——卵球囊和精球囊，而底端那些根一样的东西则是它的假根，其作用是可将它固着在水底的淤泥中。

清晨，小鸟把我从梦中唤醒。我带着照相机和妈妈出门，沿着山谷的石板路向上走。

山谷两侧的山体峻峭高耸，把山谷遮蔽得愈加阴暗潮湿。山坡上的树长得瘦瘦高高的，大概是努力向上，想要获得更多的阳光吧。林下基本看不到灌木，高一些的草也很少，只有层层叠叠已经有些腐朽的落叶。一些凸出的岩石上大多有厚厚的苔藓，就连石阶上都会有一些青苔，显得更加湿滑，令我们不得不放慢脚步。

那岩石上的苔藓看起来像丝绒一样，摸上去感觉也确实如丝绒一样柔软，让我好想带一块回家养起来。不过，妈妈说："别折磨它了，前些年，我曾经在家

里的盆景中置上一些苔藓，结果没过多久，就全都干死了。"用放大镜仔细看苔藓，上面还有一些凸出的丝状物，那应该就是它们的繁殖器官——孢子体吧。

忽然，我看到一棵树下，枯叶中有个圆圆的白色小东西，原来是蘑菇。将枯叶扒拉开，哇！有那么多大大小小的蘑菇呢！

蘑菇属于菌类植物中的真菌门。其中不少种类可食用，但也有许多有毒的蘑菇，所以，如果不了解它们，还是不采为好。

前面的一棵树上垂挂着一团淡绿色的丝状物，那是松萝，属于枝状地衣。在阴湿的林中，我们常可以在树枝上见到它们。

走了一段，林下的草逐渐多了，一些很大的叶子引起了我的注意。把叶子翻过来看背面，我有了新发现，那一簇簇马蹄形的小小孢子囊告诉我它们就是蹄盖蕨。

蕨类植物也是靠孢子繁殖的，它们已经有了完整的根、茎和叶。蕨类植物与恐龙共同繁盛于中生代，其中有些种类可以像树木一样高大，不过繁衍至今的种类大部分都是低矮的草本了。

翻开草丛，下面有一些小叶紧密排列得像柏树叶一样的植物，那是又一类常见的蕨类植物——中华卷柏。

山坡上，裸露的岩石上有一些发白的东西。近前观看，原来是又一种地衣——叶状地衣。

真没想到，这一次山居小住竟然让我认识了这么多没有花的植物，真是收获不小呀！

图1-3-2　蕨类植物的孢子群

观察、记录

选择一个有溪流的山谷，寻找各种无花的植物。观察它们的形态特征，以及它们的生存环境。

记录你发现的无花植物，它们是生存于水里、扎根于泥土中，还是附着于岩石、树枝、树叶上？其个体形态由哪些部分组成？根、茎、叶是否齐备？你是否发现了它们的繁殖器官？繁殖器官又是什么形态的？根据你的观察，它们应该属于哪些类植物？

用照相机把你找到的植物拍摄下来。

我来解释

藻类、菌类、地衣、苔藓和蕨类植物的主要分布区

大部分无花植物的生存和繁衍与水有着密切的联系，因此，它们大多生存于多水的地方。

藻类植物大多生活在水域中，除了河流、湖泊以外，海洋也是藻类植物的重要分布区。

蘑菇的生命周期一般很短，而且与水关系密切。经验告诉我们，采蘑菇要在雨后的一两天。时间稍长，它会老去，释放出菌丝，然后结束生命，很快腐烂。菌丝则等待着下一次雨水来临，再次萌发形成新的植物体。

苔藓都生活在阴湿的环境里，因为苔藓的繁殖离不开水，孢子的受精必须有水的参与才能完成。所以，只有在阴湿的林下以及水边，才会有大量的苔藓。

苔藓还是环境清洁度的指示计。当空气中的二氧化硫等污染气体浓度比较大时，即使湿度足够，苔藓仍然不能很好地生存，它们会变黄，甚至枯死。因此，苔藓的颜色越绿，生长得越盛，说明环境越是湿润而清洁。

蕨类植物也是以孢子繁殖的，所以，它们的繁殖同样离不开水。但是，一些蕨类植物在生长期可以忍受缺水的条件，所以其分布范围比苔藓要广。

地衣是真菌和藻类共生的一类特殊植物，其中藻类担负着光合作用制造有机

提示

拍摄植物不仅要拍摄其个体以及重要部位的特写，对于群体生存的微小生物，还应该拍摄它们的群体，乃至其周围的环境。

林中和山谷通常光线比较暗弱，拍摄中等距离的植物可以使用内置闪光灯。但是，对于个体微小、需要采用微距拍摄的植物，闪光灯的效果可能不够好。此外，拍摄水中的植物，由于水面的反射作用，也不能使用闪光灯。

质的任务，而真菌负责吸收水分并包裹藻体。它们形成了一种特殊的形态、结构和功能，能生活在各种环境中，尤其能耐旱、耐寒，还能产生一类特殊的化学物质——地衣酸，以分解岩石，从中获取营养物质。因此，它们还能在裸露的岩石表面生存，也就成为了拓荒的先锋植物。

延伸活动

到不同类型的水域或湿地观察，寻找更多种类的无花植物。

在农田、工厂或生活区附近的水域注意观察，看看水中和水边的植物与山区是否有明显的不同。

（农田里的化肥、工厂和生活区的污水流入水域，会使水体受到污染，影响水生植物的生长，植物的种类也会有变化。）

图 1 - 4 - 1　玉兰果实

四单元　城市中的树

活动内容

观察城市中的各种树木，探究不同的树木在城市环境中所起的作用。

活动准备

可先浏览相关网站或相关资料，了解本地主要绿化树种的特征及其主要功能。

观察点拨

树在高度、主干的形态、树冠大小、树枝的排列、叶的大小及分布、花和果等方面都有很大差异，要注意观察。

问题

树在我们的城市生活中起到了哪些作用？

你观察到的各种树是否有一定的栽种规律？它们栽种得是否很恰当？

跟我来

家门口的观察

我家住在一个新开发的小区，这里规划得挺不错，小区内的道路两旁树木成行，草坪成片，还有一个小花园，里面种了各种花木，还有藤萝架。早晨，人们喜欢在这里晨练，当上班族都走了以后，这里就成了老人和孩子的乐园。孩子们在草地上玩耍时，老人们可以悠闲地坐在藤萝架下聊天。

暑假里，每天我都会在小区里走一走，看一看。

楼前有几株垂柳，有三四层楼高。它们的主干略带弯曲，上部分杈，嫩枝细长而柔软下垂，随风飘舞，显得婀娜多姿。长长的柳枝有时会低垂到地上，让我可以很好地观察它们。柳枝的颜色嫩绿，摸上去很光滑，小时候听妈妈说过柳枝的歌谣："柳条儿青，柳条儿弯，柳条儿垂在小河边，折支柳条儿做柳哨，吹支小曲唱春天。"那大概是她们儿时最美的春天记忆了。不过，如今人们保护树木的意识增强了，很少再有人折柳枝做柳哨了。柳叶的叶柄很短，叶片薄薄的、窄窄的，叶子顶端形成尖形，形态很是流畅，也许这就是人们常将长得好看的眉毛比做柳叶眉的原因吧。

围墙边是一排杨树，它们比6层楼还高，树干笔直，用卷尺量一下胸径，大约0.5米，主干上只有上半部分枝叶繁茂，树冠不是很宽大。地上有一片巴掌大的落叶，捡起来看，叶柄粗且长，叶面光滑得好像打了一层蜡一样，叶脉呈网状。我想起小时候经常和小伙伴用它来玩"拔根"。

杨和柳是一科——杨柳科。它们都是早春开花，5月初果实成熟飞絮。杨树的花絮很像毛毛虫，小时候，我还曾用它吓唬过小朋友呢！

> ### 树木的枝下高
> 树木的枝下高是城市植树中需要考虑的一个主要指标。大部分树木都有一个自然的分枝高度，在这一高度以下主干不分枝，分枝都分布在这一高度以上。枝下高越大的树木，树冠宽度一般就越小。

> ### 单叶和复叶
> 单叶：只有一个叶片的叶，杨、柳、梧桐、桃、玉兰、银杏等都是单叶。
> 复叶：在共同的叶柄或叶轴上有着多个小叶的叶。有掌状复叶、羽状复叶、三出复叶和单身复叶几种类型。

小路边是一些不高的小树，其中有几株3米多高的小树上有花。它们的枝条向上伸展，树形显得比较修长；树叶的形状很不规则，边缘裂成多个大大小小的裂片；花是粉红色的，花瓣也不规则，外围的大，里面的小。通过查阅资料，我知道它是锦葵科的木槿，这是重瓣的品种。

那几株叶子比较规则的小树是榆叶梅。它们比木槿矮一些，小枝也更开展一些。叶子不大，边缘是比较规则的粗锯齿。在春天，长长的枝头上会开满粉红色的小花，非常漂亮。现在上面还挂着几个小果子。

楼与楼之间的空地上是草坪，其间还有一些小树。那树形像宝塔一样的是圆柏，它们的叶子非常细小，直到冬天都会是绿色的。不过，新陈代谢的规律还是必然的，到了春天，新叶已经萌发时，我们会看到树下散落着一些枯黄的鳞片状或刺状的圆柏叶。当然，那并不是去年的叶子，而是前两年或三年的老叶子。

草坪上还有几株枝干比榆叶梅更开展的小树，它们不太高，树冠却不小，叶子有些像柳叶的形状，只是更宽大一些，枝叶不是很密。近前观察，可见它的小枝发红，光滑且带有细细的横纹。我记起来，它们是在5月开花的，花比榆叶梅大一些，且更艳丽，有粉色、鲜红色和白色的花，是碧桃。碧桃是桃的变形，是人们专门栽培以供观赏的品种。

榆叶梅、碧桃都属于蔷薇科。蔷薇科是一个重要的科，人类将其中的许多品种作为花卉、果品、香料等来栽培。

那棵树干直直，叶子大大的是木兰科的玉兰，春天它会在叶子展开之前开出雪白的花。现在，我们只能看到它那奇怪的果实了（见图1-4-1）。

花园里有几棵像大伞一样的树，它们个子不高，主干笔直，分枝多而曲折，向八方伸展，细长的小枝密密的，像垂柳一样柔软下垂。它的树叶整齐排列在一根叶轴的两边，顶端则是一个小叶，枝头有一串串淡黄绿色的小花。它是槐树的一个变种——龙爪槐。它的叶序是典型的奇数羽状复叶。

那棵主干灰黑色的高大树木的叶子非常细小，很是特别。它的主干下面没有分枝，侧枝都长在3米以上的位置。用望远镜仔细观察叶子的排列，发现它们和槐树很相像，只是又多了一层。在那大叶轴上延伸出去的是小叶轴，上面密密排列的才是小小的叶片，是二回羽状复叶。枝叶间还有一些粉红色的绒球，望远镜中看到它们由很细的丝组成。这就是合欢花。

花园里还有几棵不高的小树，树干歪歪斜斜，不那么好看。不过它们叶子样子还是蛮可爱的，叶柄细细的，叶子圆圆的，看到它我就想起了香山红叶。它们

就是黄栌。

那棵树的枝叶茂密，叶子很像五角星，只是叶柄两边的两个角之间的角度大一些，它的名字就叫五角枫。五角枫的叶子掌状深裂而呈五角形。它春天会开出黄绿色的小花，一点也不显眼，但是它的果实挺有特色，长长的果柄上悬挂着两个带有薄翅的小果，就像一只长着两个翅膀的小蝴蝶。

花园里还有一棵雪松，它的小枝一层层地排列在主干上，就像一座宝塔一样。它的叶子像针一样细，还带有坚硬的针尖，十几二十根一簇聚集在枝上，这就是针形叶了。至今为止，我只看到过这棵树的花序，还从未见到过它结果呢！

> **针叶树和阔叶树**
>
> 木本植物根据叶形分为针叶树和阔叶树。
>
> 阔叶树种类很多，针叶树主要包括松科和柏科植物。

针叶树种是本地区主要的常绿树种，除了雪松以外，还有针叶更长的白皮松（三针一束）和油松（两针一束），以及针叶极短的云杉。

> **植物的叶序**
>
> 植物的叶序是指叶在茎上的排列方式，有互生、对生和轮生三种形式。

我们小区没有松树，倒是有两棵云杉。云杉的叶子呈螺旋形排列在小枝上。春天，随着一簇簇新叶的展开，也会有一些球花出现，不过很少见到有果实。

花园里还有几棵树干通直、树冠比较窄的大树，它们的叶子形态是最特别的。只要一看那扇形的叶子，谁都认识它，它就是植物界的大熊猫——银杏。每年秋天，其中的两棵树上会挂满金黄色的果实。查阅资料让我知道银杏属于雌雄异株，那两棵结果的是雌树，不结果的那几株就是雄树了。

今年春天，我注意观察了它们。果然，在雄树上，我看到了它带有花粉的雄花序。不过雌树上的花可能是太小了，又长在那么高的地方，我很难看清楚。

走出小区，街道两旁有成排的树。炎炎烈日下，在树荫里还是比较舒适的。我注意到，这条街的两旁种的都是同一种树——栾树。

栾树属于无患子科。其枝叶繁茂，树冠开始于 4 米以上的高度，种在路边不会妨碍行人和车辆。它的花呈黄色，中间还带有一点鲜红，味道有些怪，不那么好闻；果实还比较有趣，为鼓鼓的囊状，就像一个个小灯笼。

观察、记录

从生活区到街道进行观察，记录观察到的不同的树。

用照相机把一些树的主要特征拍摄下来。

提示

拍摄树木应该同时兼顾它们周围的环境特征，如建筑、街道、车辆、行人等，可以让人们切实感受到它们的功能。

我来解释

树在城市生活中所起的作用

树木不仅起着美化环境的作用，还为我们创造着更加舒适的生活环境。

树木制造的绿荫可以保护建筑、道路等设施，为我们创造良好的休息娱乐场所。

树木通过光合作用可以吸收二氧化碳，制造大量氧气；树木还可以吸附尘埃，散发气味，起到杀菌作用，使空气更加清新。

城市树木的栽种规律

城市中树木的功能是绿化、美化环境。在不同的位置，人们会根据实际需要栽种不同特征的树木。

花园绿地中的树木分枝可以很低，很展开，因为人们一般不会从它们下面经过。道路两边的树，分枝要长得高一些才不会妨碍行人、车辆的通行。路边一般不栽种有浆果的树木，因为浆果落在人们身上是一件使人不愉快的事，落地的浆果也很难清理干净。前些年，在一些道路两侧曾经栽种有银杏、柿子等，现在基本上都换了其他树种。

房前屋后一般不种植树冠过密的树种，因为人们既想让它们遮挡一些阳光，又不想阳光全被挡住。斑驳的阳光既满足了人们对光照的需求，又不会太耀眼，这才是最合适的。

城市繁华商业区的树木

城市繁华商业区土地金贵，建筑物集中，街道上的人员流动量大，栽培树木的难度也大。因此，在繁华商业区种植树木，一是要选择适应性比较强的树种，二是要选择净化环境功能比较强的树种，还必须采取一定的保护措施，如铺透气砖、建围栏、花池等。

延伸活动

　　到城市的其他一些地方，如工厂、机关、繁华商业区、公园等处进行观察，看看那些地方都有些什么树，它们的生长状况怎么样，人们对其又采取了哪些保护措施。

五单元 城市园林中的花草

图 1-5-1 含羞草花

活动内容

观察公园种植的各种观赏植物。

活动准备

可先浏览相关网站或阅读相关资料，了解常见的观赏花草类型、形态特征及其季节变化等。书店里有关养花的书籍很多，如果真要养花，需要认真挑选，但如果只是为了认识花，选择有彩图和形态特征说明的就可以了。

观察点拨

园艺栽培的观赏植物有以赏叶为主、赏花为主、赏果为主等类型，还有的植物叶、花、果都很有特色，均可观赏。

园艺栽培的花草有露地栽培的多年生草本植物，也有每年播种的一年生草本植物，还有在温室里培育、夏季摆放在室外供人们观赏的；木本观赏植物也有露地栽培和温室栽培之分。

问题

通过实地观察，你是否能区分露地花木和温室花木？
园艺中选择木本和草本花卉主要考虑了哪些因素？

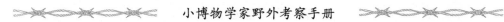

跟我来

滨河公园

二环路边有一片宽阔的滨河公园，每当春暖花开，园中就到处散发着花香，公园里的游人也就逐渐多了起来。

最早开花的是黄色的迎春花。它们的茎是木质的，表皮深绿色，形状也很特别，为四棱形。这些枝条不是垂直向上生长，而是呈现为弧形下垂。园林工人常把它们栽植在山石叠起的高处，它们长长的枝条就会自然垂挂在岩壁上，将岩壁装饰得更有韵味。

这条蜿蜒的小径两侧也是开着黄花的灌木。它们的枝条也是弧形下垂的，不过表皮颜色发黄，植株也比迎春花高大得多，有一人多高。仔细观察它的花，会发现和迎春花可大不一样，它只有4个花瓣，而迎春花有6个花瓣呢！它就是常被人们误以为是迎春花的连翘。

其实迎春花和连翘的亲缘关系还是挺近的，它们都属于木犀科。在北京地区木犀科中常见的赏花品种还有丁香。

丁香的种类比较多，有的为高度与连翘相似的灌木，有的更高大一些，还有的是有着独立主干的小乔木。丁香的叶子没有锯齿，先端尖，花序庞大，有许多小花；花冠管细长，四裂；花的颜色比较丰富，有红色、紫色、黄白色和白色等；大多香气浓烈，甚至刺鼻。在这个园子里就栽培了紫丁香、白丁香、红丁香和暴马丁香，还有白色重瓣的佛手丁香等几种。

桂花也属于木犀科。不过在北京，它不能在室外过冬，所以，在有温室的公园里才能栽培它。每当金秋十月，我们就可以在一些大的公园里闻到桂花那淡淡的香气。

还有一种适合盆栽的矮小花木——茉莉，也属于木犀科。茉莉花是白色的，常被人们用来熏制花茶。屋子里要是摆上那么一盆，开花时满室清香，令人神清气爽。

那一条小径两侧的灌丛枝条也是细长的，花也很小，花冠明显地分成上下两部分，有黄、白两种颜色，它就是金银木。仔细观察可以发现，那些白色花的花蕊上花粉多而鲜黄，黄色花则花粉少而干枯。为什么会有这样的区别呢？原来它

的花是会变颜色的，初开时是白色，时间长了就变成了黄色。类似的还有泡茶可以解暑的金银花，区别仅在于金银花是藤本。

金银木不仅花很特别，而且它的果实也很漂亮，艳红色的小圆果常常两个一对排列在小枝上。它们可以从秋天一直在枝头待到早春，给萧瑟的冬天点缀上一点生命的气息。所以，把金银木所在的科称为"忍冬科"一点也不为过。

忍冬科也有不少形态奇特、为大众喜爱的观赏植物。如花序外围有着蝴蝶一样不育花的绣球和荚蒾，夏季开花的锦带花等，还有不太常见的蝟实。这蝟实的小果子实在有趣，浑身长满了刺，像极了一个小刺猬。

那一丛茎干直直的灌木上开着橙黄色的小花，走近看，它的茎是绿色的，叶深深地下陷，显得皱皱的，花瓣圆圆的，雄蕊多得数不清。它是蔷薇科的棣棠。

蔷薇科是一个大科，许多观赏植物都属于这一科，如蔷薇、月季、玫瑰、黄刺玫、榆叶梅、紫叶李、珍珠梅、碧桃、樱花、绣线菊等；也有的是既可观花，又可观果，如苹果、梨、海棠、山楂、桃、杏、李子、草莓、樱桃、木瓜等。也许正是因为它们的鲜花艳丽芬芳，果实甜美多汁，所以，它们为了自卫，常常在茎上长着许多刺，这就是"带刺的蔷薇"。

花坛边的绿篱叶子很小，只有大约2厘米长，叶面光滑，摸上去厚厚的，硬硬的，它们是本地阔叶树种中少有的常绿植物——黄杨。正是那革质的厚叶子，让它能挺过寒冷的冬季；因为它四季常绿，所以常被用来做绿篱。

还有一种长得高大一些、叶子也大一些的常绿植物有时也被用作绿篱，这些常绿植物俗称"大叶黄杨"。可它和黄杨完全不是一回事，它的大名叫冬青卫矛，属于卫矛科。

冬青卫矛不仅叶子与黄杨不同，而且花和果也与黄杨完全不同。黄杨的花没有花瓣，冬青卫矛则有4个小花瓣；黄杨的果上有多个凸起的花柱，冬青卫矛的果上则是圆滑的。

卫矛科还有一种形态奇特的植物——卫矛，它的枝上长有木栓质的翅，是鉴别它的最重要标志。它的花很小，是绿色的，很不起眼，果实也不大，长得挺有意思的，成熟时外皮开裂，鲜红色的种子挂在上面很久不会落下来。另有一种比较少见的明开夜合，果实大一些，果皮颜色更加鲜艳，为粉色，非常漂亮。

花坛边有几棵美人蕉，你看它那大叶子就像一把大蒲扇，主脉粗粗的正像扇骨一样，支脉羽状平行，叶片也比较厚，只是它的叶柄包在秆上，没法做扇把了。美人蕉不仅叶子好看，花也大而漂亮，有鲜红色、粉色、黄色和白色，有的上面还有条纹或山水画泼墨一般的溅点，非常雅致。

美人蕉的老家在热带地区，属于多年生宿根草本植物。由于它们不能适应本地冬季寒冷的气候，所以人们需要每年秋天将根茎在5℃～7℃的温室沙藏，待春天室外最低气温上升到5℃以上时，再重新栽植在地里。

园林中的草坪常常由禾本科的草组成，其叶子大多细长，叶脉上的支脉与主脉平行，叶缘没有锯齿，叶子呈两列交互排列在茎上。禾本科也是一个重要的科，除了营造草坪以外，我们吃的大部分粮食作物都来自于禾本科，包括水稻、小麦、莜麦、玉米等。

禾本科的草坪管理起来比较容易，一台割草机就能很快解决问题。它们不太怕人踩，只要不是被太多的人经常地踩，它们就会不受妨碍地正常生长。足球场栽植的就是这一类草。当然，公园里的草坪一般还是不让游人去踩的，因为控制不好，还是会影响它们的正常生长的。

另外一些不是由禾草组成的草地就绝对不能踩了，例如这一片白车轴草草地。白车轴草每一根细长的叶柄上都托着3片长圆形的小叶子，中间还夹杂着圆球形的花序。它又叫白三叶草，属于豆科。

还有一种常用来做草地的小草花——酢浆草。它们的叶子也是长长的叶柄上托着3片小叶子，不过它们的小叶子更宽，前端凹进。最容易区别的是花，酢浆草的花单生或排列成稀疏的伞形花序，花冠辐射对称，5个花瓣螺旋排列；三叶草则是头状花序，花冠两侧对称，为典型的蝶形花冠。

豆科也是重要的科。在园林植物中，常见的绿化树种合欢、国槐、洋槐等，观赏花木紫荆、紫穗槐，藤本植物紫藤，草本植物含羞草等都是豆科植物。

含羞草的叶子与合欢类似，也是二回羽状复叶，花序也与合欢很像，是缩小的绒球。大部分人只知道碰触含羞草的叶片，它就会闭合。其实，它的叶片在风大的时候，还有在傍晚的时候也要闭合。叶子闭合是含羞草自我保护的一种方式，它还有另外一种自我保护的武器——枝刺。含羞草的老家也是在热带，所以，尽管它是多年生植物，却不能在露地栽培。

紫荆是另一种有趣的植物，它是本地少有的老茎开花结果的植物。它与大部分豆科植物的明显区别还在于它的叶。大部分豆科植物是复叶，紫荆则是心形的单叶，能让它跻身于豆科只是因为它的花是蝶形，果是荚果。

草地中常用来营造花境的还有三色堇、鸡冠花、一串红、大花马齿苋（俗称"死不了"）、矮牵牛和多种菊科植物。

三色堇是堇菜科植物，植株矮小，花色多变，花形酷似一只蝴蝶，是常见的草花。

鸡冠花为苋科，原产于印度。它的鸡冠状花序开放后，艳丽的花冠可长期宿存，就好像长开不败似的。

一串红是唇形科植物，原产于巴西。总状花序有数十朵小花，花色鲜红，适合营造花境。

矮牵牛学名碧冬茄，属于茄科，原产于阿根廷，为一年生草本植物，生长期短，易于露地播种栽培，现已普遍栽培。

菊科是被子植物中最大的一科，多为草本植物，共有 2 万多种，我国有 1600 多种。菊科的基本特征是头状花序，一般有舌状花和管状花两种，舌状花在外围，管状花在内部。

菊花（秋菊）为我国传统栽培花卉，品种极多，其自然生长状态下一般都是秋天开花。菊花的花大，有白、黄、粉、红、紫、墨、棕、绿等色，舌状花形态多样，有平瓣，也有卷曲的管瓣、匙瓣，有的平伸，有的向内卷，使花序呈扁球形，还有的花瓣细长而下垂。

园艺中常见的菊花除了秋菊以外，还有大丽菊、波斯菊（秋英）、瓜叶菊、万寿菊、金盏菊、金光菊、雏菊、翠菊、天人菊、麦秆菊等。

万寿菊原产于墨西哥，为一年生草本植物。北京地区露地播种出苗率极高，很容易栽培。

波斯菊的老家也在墨西哥。它适合在干旱条件下生存，叶子二回羽状分裂，裂片细长。舌状花大而平展，非常艳丽。

大丽菊又名西番莲，也是引自墨西哥。它的花大而颜色鲜艳，花期长，从 6 月到 10 月都可开花，是广为栽培的花卉。

瓜叶菊来自于非洲，其叶子宽大，很像丝瓜叶。

百合科的植物也是比较常见的草本花卉，有春天开花的郁金香、风信子等，夏天开花的玉簪、紫萼、萱草、卷丹等，还有以观叶为主的凤尾兰和丝兰。

园艺中常见的草花还有鸢尾科植物，它们中的大部分花很漂亮，叶子形态也很不错，不仅可观花，还可观叶。

公园中那些种植在大盆中的棕榈、铁树、南洋杉、海桐、夹竹桃等，也是热带或亚热带植物。它们是很好的观叶植物，花也各具特色，只是和其他植物比起来，铁树不那么容易开花，其花也就显得更为珍贵了。

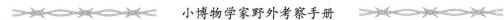

观察、记录

选择一个树木花草繁茂的公园进行观察，记录观察到的各种植物，注意它们在园艺景观中所起的作用。

用照相机拍摄植物及其组成的景观。

我来解释

区分露地花木和温室花木的方法

木本植物是多年生植物；温室花木不适合经常移栽，因此，多栽植在花盆中。

选择园艺花草树木考虑的主要因素

园艺花草树木的主要作用是美化环境，供游人观赏，所以选择园艺花草树木应该注意搭配不同花期、不同花色、不同花形的植物，同时兼顾观叶植物，以形成有特色的景观。

花草树木的选择还必须与周围的建筑、水域等相配合，起到点缀、造景的作用。

种子植物的分类

种子植物是植物界中最晚诞生的门类，包括裸子植物门和被子植物门。

北京地区约有裸子植物 10 科，被子植物 140 科（包括引种栽培）。

裸子植物的 10 科是：苏铁科、银杏科、南洋杉科、松科、杉科、柏科、罗汉松科、红豆杉科、三尖杉科、麻黄科。

被子植物又分为双子叶植物和单子叶植物两个纲。

单子叶植物有 25 科，其中禾本科种类最多，有 150 多种。其次是百合科 100 种，莎草科 70 种。

双子叶植物中最大的科是菊科，约有 240 种。此外，豆科 110 余种，蔷薇科 100 种，唇形科 70 种，毛茛科 60 种，十字花科 50 种，伞形科 40 种，玄参科 40 种，都是重要的大科。

以上这些大科是我们经常会遇到的植物，认识植物就可以先从它们入手。了解这些科的共同特点、常见种类的形态特征，我们就能很快认识很多植物。

延伸活动

探究本地常见的园林植物的主要特点。

六单元　郊外的小山

1－6－1　蚂蚱腿子雌花

活动内容

观察郊外荒野及低山植被的组成种类，了解当地自然植被类型随地形、水文、土壤等条件的变化。

活动准备

可先浏览网站，了解本地区平原及低山常见野生植物的基本形态特征。

查阅观察地的大比例尺地形图，选择观察路线并了解其大致地形及海拔高度。

观察点拨

海拔 800 米以下为低山，低山植被的组成种类会随着坡度、坡向有明显的变化，还与距离流水、沟谷的远近有关。此外，土层薄厚以及土质也影响着植被的分布。

低山植被的一些组成种类常常出现在农田果园中，也有的是城市绿地的组成部分。在众多的低山植被种类中，有的保持着野生的状态，也有的被人们大量栽培。

问题

在同样高度上，阴坡和阳坡是否有同种植物？它们的生长情况有什么差异？

同一种植物在阴坡和阳坡上的分布高度是否会有差异？其原因又是什么？

分布高度记录某一种植物出现及消失的海拔高度；生长环境包括纯林（灌丛）、多种植物组合、林下灌丛等；生长状况指高度、林冠大小和枝叶密度等。

跟我来

金山寺

京西北安河一带是距离城区最近的自然植被分布区之一。沿山麓由南向北有大觉寺、阳台山、九王坟等景点，周围有茂密的自然植被，还有成片的果园，种植着桃、杏、苹果、梨、核桃、栗子等果树。

穿过北安河村，一条青石铺就的山路沿着一道宽阔的山谷蜿蜒而上，这就是通往妙峰山的古香道。如今，已经没有多少人从这条香道去妙峰山了。不过，山路上还时常有成群的学生，他们大多是到金山寺附近观察植物的。

北京郊区的许多风景区如香山、樱桃沟、八大处等地都是以人工植被为主的，因此植被类型丰富，而无人管理的低山地区大多树种比较少，有的地方甚至是以灌木丛为主。

金山寺一带地势变化多端，山峦起伏，沟谷纵横，从山脚到山顶，阴坡和阳坡分别分布着不同类型的植被。这里有各种原始次生林，还有不同类型的灌丛，因此，从 20 世纪 50 年代起，这一带就成了北京一些大学的生物实习基地。

初夏时节到金山寺一带，可见到比较多的低山野花。从山脚到金山寺以下是缓坡地段，植被以一人高的灌丛为主，间有一些人工林，如侧柏林等。

> **植物的花序**
>
> 植物的花有的是单个生长在枝头的，但也有许多种类的花是多个花共同生长在一起的，它们组成了各种形式的花序。
>
> 花序根据花开的顺序可分为有限花序和无限花序。

这一段是阳光普照的地段，灌丛的组成种类我们很熟悉。

那些枝条直而细长的灌木就是荆条。细看它的小枝是四棱形的，有着细长叶柄的掌状复叶一对一对地长在小枝上。每个叶上的小叶是中间的大，边上的小，叶缘羽状深裂，形状很好看。到了深秋，这叶子也会变成漂亮的红色，远观常让人们误以为是枫叶。

荆条的花序为下宽上窄的圆锥花序，花很小，但很密集。花冠蓝紫色，花冠筒像一只小钟，前端有大小不等的裂片。

用放大镜观察它的花，可见花冠筒口有一圈细细的绒毛，有两长两短四个雄

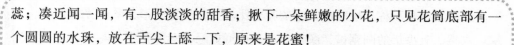

蕊；凑近闻一闻，有一股淡淡的甜香；揪下一朵鲜嫩的小花，只见花筒底部有一个圆圆的水珠，放在舌尖上舔一下，原来是花蜜！

荆条是北京低山最常见的灌木，也是重要的蜜源植物。所以，每当荆条花盛开的时节，养蜂人就会带着他们的蜂箱迁居到灌丛茂密的山谷。

荆条属马鞭草科。本科中的一些种类已经被人们广泛栽培，如花色多变的五色梅、花形独特的龙吐珠、花色娇艳的美女樱、花期很长的海州常山以及花香扑鼻的兰香草等。

如果走进灌丛，就会觉得总有东西挂住裤脚。此时，捏住挂在裤脚上的小枝，把它揪下来仔细观察，可见那光滑的红褐色小枝上交错生长着枣核形的叶子。叶面光滑，好像涂了一层蜡；每个小叶下都有一对刺，一个直而长，另一个稍短而略弯成钩状，原来就是它挂住了裤脚。它就是酸枣，属于鼠李科，是低山最常见的灌木之一。

酸枣的花很小，颜色又是黄绿色的，不仔细看很难发现。特别是它的花瓣很窄小，五个小花瓣夹在那宽一些的花萼中，让人常会把花萼错以为是花瓣。酸枣也是最容易采摘到的野果，新鲜的酸枣酸甜清脆，干的酸枣可以加工成酸枣面，有安神的功效。

鼠李科中另一类植物是鼠李，它与酸枣的重要区别是刺粗壮而坚硬，单生于小枝的顶端。北京低山常见的鼠李有三四种，它们大多适应干旱、土壤瘠薄的环境。在山坡上仔细寻找，也许你也能找到几株。那叶子小而呈深绿色，枝端成尖锐粗刺的小灌木就是鼠李。

鼠李的花也是黄绿色的，不过它与酸枣花明显不同，其花萼、花瓣和雄蕊的数目一般都只有四个。

有限花序

顶端或中心的花先开，花序轴不能继续伸长。主要包括单歧聚伞花序、二歧聚伞花序等。

无限花序

下部或外围的花先开，花序轴能继续伸长。又分总状花序、穗状花序、柔荑花序、伞形花序、伞房花序、肉穗花序、头状花序等。

矮一些的灌木是毛花绣线菊，它们的花大部分已经凋谢了，偶尔还可以见到伞形花序上有几朵白色的小花。毛花绣线菊的叶子近似菱形，叶缘有不规则的裂或深锯齿，叶面有些发皱，上面和下面都有绒毛，叶脉下陷。

毛花绣线菊属于蔷薇科，这一带常见的还有三裂绣线菊。

三裂绣线菊又称三桠绣球，它的叶子比较宽，呈近圆形，叶面光滑无毛，叶缘三主裂，有少量的圆锯齿，颜色也显得更鲜更绿，伞形花序的花多且比毛花绣线菊的花大，更加美丽。近些年，城市里的一些公园也开始栽培三裂绣线菊供游人观赏，如景山公园就有栽培。

荆条、酸枣和毛花绣线菊是这一片灌木丛的主要组成部分。

灌丛中还时而可见几株不很高的小树，它们的枝干不那么直，分枝开展。其中那些叶子窄而长的是山桃树，上面还有一些密布绒毛的绿色小圆果；而那些叶子宽宽、近圆形的是山杏树，树上已经没有什么果实了。

灌丛中有几朵粉色的喇叭花，可仔细看看，又觉得好像有哪儿不对劲。它的叶子是箭头形的，与牵牛花的最显著区别是，它的花有两个分开的细长柱头。它就是郊外常见的野生田旋花，与牵牛是近亲，同属于旋花科。

野外常见的与牵牛花相似的旋花科植物还有打碗花。打碗花与田旋花的区分特征是打碗花的花都有两个叶状大苞片，它们紧贴在花萼的下面。

北京地区常见的打碗花有四种：毛打碗花、打碗花、篱打碗花和藤长苗，其中前三种都是中药材。民间流传着孩子不能摘它们的花，摘了花回家就会打碗的说法，所以它们才被叫做"打碗花"。其实，这种说法就是为了保护它们。

沿着山路向上，路边时常可以看到各种各样的野花。

那一丛丛黄色的小花，每一大丛都是由多个小的伞形花序组成。它们由一枝主干分枝形成，每个小伞上最里面的花先开放，这种花序属于伞房状聚伞花序。它就是北京低山地区最常见的草本植物之一——委陵菜。

委陵菜的花是典型的蔷薇花，有 5 个花瓣和大约 20 个雄蕊。叶为羽状复叶，有基生叶和茎生叶两种。基生叶贴地而生，大而且小叶多，小叶有多个羽状深裂；茎生叶小得多，小叶的数量也少一些。

那株半米多高的粗壮的草，上面开着几朵白色的花。花大而美丽，花冠筒长长的，前端 5 裂，裂片尖尖的呈"S"形弯曲。果实椭圆形，长在水平的花托上，最容易识别的特征是上面长满了大小不一的刺。它就是曼陀罗，属于茄科。

本地最常见的茄科植物还有龙葵。它的植株也可以长得很高大，但茎干没有曼陀罗那么粗壮，而且它的花很小，花冠开放时直径一般不超过 1 厘米。龙葵的小浆果是圆形的，成熟时黑色，直径约为 8 毫米，就像一个微型的圆茄子。

路边还有在城市草地中常见的二月兰、蒲公英、地黄、紫花地丁等草花。

二月兰属于十字花科，蒲公英属于菊科。

地黄属于玄参科，它的根状茎肉质，是常用中草药。地黄的叶、茎、花上都布满了绒毛；总状花序长在无叶的茎顶；花冠筒状，长 3~4 厘米，外面紫红色，内面黄色带紫斑。上面 2 个裂片上翘，下面 3 个平伸。

紫花地丁属于堇菜科。如果在郊外看到紫花地丁，需要认真分辨。郊外常见的堇菜科植物有十多种，其区别为地上茎、叶形、花色、根等的差异，比较容易鉴别的有可见明显地上茎的鸡腿堇菜、叶脉处有白斑的斑叶堇菜，海拔高一些的地方可见叶掌状全裂的裂叶堇菜等。

路边时而可见一些高一些的树，其中有我们非常熟悉的树种。如洋槐、侧柏、五角枫、构树等，其中侧柏常形成小片的灌丛，明显感觉是人工栽植的。

走了一段，进入了山谷背阴处，灌丛的模样有些变化了，荆条和酸枣不见了。这里的灌木丛主要由叶面光滑的蚂蚱腿子、叶子粗糙的大花溲疏和叶子有裂的三裂绣线菊三种植物组成。

菊科是最大的一个科，但其中大多为草本植物，木本植物极少见，蚂蚱腿子是其中之一。

蚂蚱腿子这名字就让人过目不忘。它的植株形态瘦长，茂密丛生，高约半米；叶子交互生在小枝上，叶下宽上窄最后成尖，酷似蚂蚱粗壮的大腿，叶缘平滑呈流线形，叶脉是明显的三主脉。

蚂蚱腿子在早春四月开花，五月果熟，到了六月花果就都看不到了。蚂蚱腿子的花有两种，雌花和两性花，头状花序只有少数花，雌花淡紫色，两性花白色。

大花溲疏属于虎耳草科。它长得比蚂蚱腿子要高一些，叶子的形状与蚂蚱腿子相似，只是稍大一些。它们一对一对地长在小枝上，叶缘有细密的小锯齿，很容易区分。它也是四五月份开花，现在只能看到一些半球形的果实了。

路边一棵树的树皮上有一些白色的斑块引起了我的注意。看着它那一串串的单翅果，我忽然想起了它是白蜡。它的树叶为奇数羽状复叶，有 5 个小叶，顶端的小叶比后面 4 个大很多。据此判断，它是大叶白蜡。

前面的地势突然陡了起来，一个石块垒砌的高台兀立在那里，迎面是两棵苍劲的古松，金山寺到了。

金山寺面朝山谷建在宽大的高台上。高台下的山谷中是黑枣和由人工种植的侧柏组成的半人工林；寺前及北面有小片的人工银杏林；寺南是一个小山坡，上面是茂密的天然次生林。

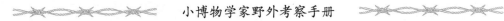

登上寺南的小山，因为这里是阴坡，所以乔木的种类比较多。那些树形高大、叶子宽大、边缘带有波状的树都是壳斗科植物，主要有两种：叶柄极短，小枝上有着密密的绒毛的是柞栎；小枝上没有绒毛，叶柄长一些的是槲栎。稍微矮一些的是大叶白蜡，还有许多更矮小的树。它们的树叶形状很像榆树叶，最奇特也是最容易辨别的是它们的长穗状果序，上面有大小不一、形状不同的叶状苞片。不仔细看，很难发现它们的果实，它们就是鹅耳枥。

鹅耳枥属于桦木科，不过它们的树皮不像桦树那样呈薄层剥落。

林中有时还可见针叶树种——油松。站在高处，可以看到远处一些阴坡上有成片的油松林，那些都是植树造林形成的人工林。油松的特点是针叶两针一束，球果次年成熟后开裂，可在树上宿存多年不落。所以，我们常可以在油松的树上看到很多干裂的球果，其中却很少能找到松子。

林下的灌木有三裂绣线菊、大花溲疏、蚂蚱腿子和胡枝子等。

胡枝子属于豆科植物，为三出羽状复叶，总状花序生于叶腋，长长的花序上稀疏生长着紫色的蝶形花。

灌丛之下还有一丛丛的草，这草的样子有些特别，它们的茎秆和叶子细长，顺着坡向下垂，看着它们就让我想起了一个名字——顺坡溜。仔细观察，这些草的茎秆是三棱形的，它们就是莎草科的披针叶苔草。顺坡溜是它们的俗名，它们还有一个俗名是羊胡子草。

在这一带，还有两种苔草也常常被人们称为羊胡子草，即矮苔草和细叶苔草。

矮苔草与披针叶苔草的主要区别是花序。你看那花序细长，高高挺立的就是披针叶苔草；而花序极短，隐藏在叶丛深处，难以发现的就是矮苔草了。

细叶苔草主要分布在没有树的陡峻阳坡上，形成低矮的草皮。它们的茎叶非常细小，非常密集地堆积在一起，就像一片毛毡一样。细叶苔草生命力强，非常耐旱，常被市区栽培作为草皮。

在草丛之下，还有蕨类植物——蔓出卷柏。它们的叶子就像柏树叶子那样小。现在是比较潮湿的季节，它们是翠绿的，伸展着。但是如果到了缺水的季节，它们就会蜷缩成一团，以减少水分的丢失，所以被称为卷柏。

山不高，很快就到了山脊。很神奇，植被从山脊一下被分成了两类。南坡（阳坡）只剩下了一种树，这就是叶子窄长、叶缘带有芒刺形锯齿的栓皮栎。它的树皮带有深深的裂纹，用手按一按，可以感觉到树皮有些软，这就是它的木栓层，长得比较好的可以用来做软木塞。栓皮栎也属于壳斗科。

壳斗科植物的果实都是坚果，并带有壳斗。壳斗的大小不同，形态各异，外面还有着不同形态的苞片。在山下，我们看到的经济树种——板栗也属于壳斗科。它的壳斗呈扁球形，全包果实；苞片是针刺状的，非常坚硬，外表看上去就是一个大刺球。

栓皮栎的壳斗杯形，包围坚果 2/3 以上，苞片是锥形的；柞栎的壳斗杯形，包围坚果 1/2 以上，苞片披针形；槲栎的壳斗也是杯形，包围坚果 1/3 ~ 1/2，苞片鳞片状，顶端带尖。这三种果实都可以用来酿酒，柞栎和槲栎的嫩叶还可以养柞蚕。

栓皮栎林下的灌木主要是荆条，荆条之下还有草，最多的是禾本科的白羊草。它们一丛一丛地，茎秆和叶子细长，颜色灰白。

乔木——灌木——草——蕨类植物是这里植物群落的层次结构，也是天然林的主要特点，人工林不仅树种少，层次也常常不会这么完整。

在石多树少的地方，可见另一种蕨类植物——枝叶排列成莲座状的卷柏。这些卷柏和中华卷柏不同，它们更能够适应恶劣的自然环境。在缺水的季节，叶子卷曲以减少水分散失；当水分充足时，它就伸展枝叶迅速生长。所以，人们又叫它还魂草。

在天然林中，我们可以看到郁闭的林下有生长茂盛的小松树。油松在本地是适应性很强的树种，适合在阴坡生长，也能在土壤瘠薄、干旱的阳坡生存。但是它们的幼苗怕旱、怕强烈的光照，所以当林子上层形成了郁闭的林冠后，它们才能自然更新。也就是说，不用人工栽植，它们的种子

图 1 - 6 - 2 油松雄花

能自然萌发，长出小树并能够成活，最后长成大树。当原始油松林被破坏后，没有浓郁树冠的庇护，小油松难以成活，才形成了以壳斗科植物为主的次生林。

观察、记录

选择一个以天然林为主的低山地区进行一次观察，选择几种常见的乔木和灌木，比较它们在阳坡和阴坡的分布情况及生长状况。

将不同类型的树林和灌丛及其中的主要物种拍摄下来。

> **提示**
>
> 拍摄树林需要有一定的距离，相距比较近的山坡可能是最佳的位置。

我来解释

通过观察，我发现，在同一高度上，阳坡和阴坡也可能会有同样的物种，但生长状况会有不同。阴坡上的植物往往比阳坡上的植物更高一些，枝叶更茂密一些，这是因为这一地区限制它们生长的主要因素是水分。

同一种植物在阴坡上的分布高度一般比在阳坡上要低一些，其形成的主要影响因素是热量。

方法提示

植物群落

在一定地段上的植物群的组合叫做植物群落。植物群落具有一定的组成成分、结构和生产量，各种植物以及植物与环境之间有着一定的相互关系。

植物群落的结构

植物群落有垂直结构和水平结构。

植物群落的垂直结构是指群落在高度上成层现象。一般可分为乔木、灌木、草本和苔藓地衣四个大的层次。乔木根据高度的分化还可以有三个亚层，不过我国北方一般只有两个亚层——高大乔木和小乔木。灌木也可以分为两个亚层，高一些的灌木和小灌木。此外，还有跨越垂直层的攀援植物。

植物群落的水平结构是指群落中各物种的分布特征，如有规律地均匀分布、成群簇生，或是无规律地随机分布等。

植物群落结构的测定

垂直结构的测定比较简单，即测量每一层次的大致高度。

水平结构的测定可采用样方法，草本植物样方一般为 1m×1m，灌木为 5m×5m，乔木为 10m×10m。

统计样方中每一物种的个体数量和覆盖度，可得出群落的优势种。

个体数量最多的不一定是优势种，最主要是看它们的覆盖度，树冠覆盖度最大的才是群落的优势种。

延伸活动

选择一种植物群落，探究其结构特征。

图 1 - 7 - 1　刺五加花

七单元　山林及百花草甸

活 动 内 容

观察中山山林及山顶草甸的组成成分，了解当地自然植被随海拔高度等条件变化的分布规律。

活 动 准 备

可先浏览相关网站，了解本地区比较高的山的位置及当地常见野生植物的基本形态特征。

查阅观察地的大比例尺地形图，选择观察路线并了解其大致地形及海拔高度。

观 察 点 拨

森林的组成成分会随着海拔高度、坡向、坡度、土层厚度及土壤类型、地表水与地下水等条件的变化而不同。

一般来说，海拔 800 米以上就属于中山，植被会有明显的变化。

问 题

为什么比较高的山顶上一般没有很高大的树？

你是否注意到了自然植被与人工植被的显著区别？

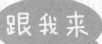

登百花山

京西白草畔是北京第三高峰，海拔 2049 米。

8 月中旬，酷热的平原地区花开得比较少了。听说白草畔的百花草甸正是最美的季节，我决定去看一看。

我们是从门头沟区百花山林场海拔约 1000 米处开始登山的。这里有成片的人工云杉林。高大挺拔的云杉枝叶繁茂，枝头上低垂着头的长球果拥挤在了一起。

沿着林间的石板路向上攀登，山坡上可见各种阔叶树组成的杂木林。对于这些树的归属有的可以很容易从枝叶的形态辨别，如蒙古栎那波状的叶缘，沙棘那红色的枝条；有的看花或果能知道它的归属，如胡桃楸那成串的绿色果实，毛榛那带有长苞管的簇生果，蒙椴花序柄上那长长的苞片等；也有的既看不到花果，又没有其他突出特征，还真是难以辨别它们属于哪一科，哪一属。

林下有一些一米多高的灌木，枝叶稀疏，上面是一串串紫红色的花。仔细观察，会发现它们的叶子是三出复叶，头上的大，两边的小，花冠为蝶形。它一定是豆科的荇子梢了。

荇子梢的形态特征与胡枝子很接近，它们最显著的区分特征是胡枝子的小花是两个一对长在一个花苞中，而荇子梢是一个花苞中只有一朵小花。

那边又有一串串紫红色的豆花，不过叶子可不一样，它们两个一对地生长在草质的枝上。看它的花在花序轴上都侧向一边，就想起了歪头菜。一查植物志，果然是它。

小路两旁时常冒出一丛一簇各色的小花，令我忍不住停下脚步。

你看那一串串黄色的小花，有的只下面的花开了，上面还是一串无尽的花蕾，这就是无限花序中的总状花序了。它是蔷薇科的龙牙草，花序长而柔软，下面稍粗，而向上渐细，上面紧密排列着有五个花瓣和许多雄蕊的小黄花。

那朵紫色的花，花瓣的形态更奇特。它从花盘向前后延伸，前面伸直而略微向外展开，后面则渐窄呈管状向内弯曲呈钩子的形状。这就是距，是耧斗菜的主要特征。从花的颜色判断，这一棵是华北耧斗菜。

楼斗菜属于毛茛科。毛茛科还有几种带距的植物，如开着成串蓝紫色花的草乌，只是它的距太短，不那么容易被发现。再有就是花冠颜色像翠鸟的蓝色、形态奇特的翠雀，在这一海拔高度应该能见到。

坡上那棵细弱的小草，上面有许多钟形的淡蓝色小花。根据花枝的形态，我断定它是展枝沙参，属于桔梗科。

向上走了一段，灌丛愈加茂密。从枝叶的形态可以看出，植物的种类更多了，不过没有花的实在是很难鉴别。

一个球形花序引起了我的注意，是刺五加吗？仔细观察它的叶子，掌状复叶有 5 个小叶，叶缘上是大小间隔分布的锯齿，叶柄上有一些细刺。没错，它就是刺五加。

灌丛中好像有几只白蝴蝶。走近了，它们也没飞起来，原来是东陵绣球。东陵绣球的花序是伞房花序，白蝴蝶其实是花序外围不育花的花瓣状萼片。东陵绣球属于虎耳草科，同一科的植物还有太平花，在这一带也应该有分布，只是它们是在五六月份开花，现在只能看到它们的四瓣开裂的果实了。

太平花为总状花序，花多而且漂亮，有 4 个洁白的花瓣，还带有清香，名字又好听，历来为人们所喜爱。所以，太平花是常见的栽培花木，北京许多公园庭院都有栽培。

这一片是华北落叶松组成的林子，看样子和云杉林类似，也是人工林。树龄都差不多，大概也就二十多年的样子。

落叶松的树形瘦高，主干通直，胸径大多只有 20 厘米，高度则约有 20 余米。它们的针叶比油松针叶细且短小，十多根簇生在枝上。高高的枝头上有一些长圆形的小球果，也比油松的球果小得多，长度也就 2 厘米多一点。

落叶松林下的灌木很少，草本植物的种类也不多，基本看不到正在开花的植物。

再往前走，可以看到一些树皮白色且呈薄层剥落的树夹杂在落叶松之间，这才是原生植物白桦。随着海拔高度上升，桦树逐渐地取代了落叶松。从树皮的颜色来看，桦树的种类不仅限于白桦，还有黑桦。

路边一丛近圆形的大叶子很是抢眼。你看它那细长的叶柄，还有叶缘那细密的锯齿，最壮观的还是它那长长的总状花序，竟然和人一样高。总状花序上面排列着数十个小头状花序，花序外面的黄色舌状花使整个花序呈鲜黄色。它是狭苞橐吾，属于菊科植物。

　　山势陡峻了起来，山谷间弥漫着越来越浓的雾，只有几米之内的景物可以看到，再远的东西都被浓雾遮掩了。山顶到了。

　　山顶草甸只有少数几株不高的树木，草甸上开着形形色色的野花。

　　那高高在上的是拳蓼，其实在下面一些空旷少树的地方就已经看到过它了。它属于穗状花序，圆柱形的花序上紧密排列着许多很小的白色小花。我注意到，蓼科植物最突出的鉴别特征就是它那抱茎的膜质托叶鞘。

　　那边有一棵长得更高的草花。它的花序足有半米多长，上面稀疏排列着数十朵淡紫色的花，每个小花有 4 个花瓣，8 个雄蕊；叶子细长带尖，很像柳树的叶子。它就是柳叶菜科的柳兰。在半山的林下，也可以看到它。

　　草丛中那橘黄色的小花是十字花科的糖芥，蓝色而且带距的小花则一定是翠雀了。

　　糖芥的花序是宽而短的伞房状总状花序，一个个四瓣小花环状排列在花序的外围，造型很优美。它也是典型的无限花序。

　　翠雀的花序是长总状花序，十来朵带有细长花柄的小花稀疏分布在花序轴上。它那 5 个蓝色的大花瓣其实是它的花萼，它们和后部结合在一起成为细筒，向后伸长形成它的长距。萼片包围的中心那两个很小的才是花瓣，花瓣的基部有着许多黄色的毛。

　　草甸上的乌头似乎有好几种，开着蓝紫色花的是下面就有的草乌，还有开着黄色花的黄花乌头和开着淡紫色花的两色乌头。后面两种乌头的花冠比草乌细长，距高高的，末端还带着小弯钩。

　　草丛中还有几朵小蓝花，看它的花形，就知道是唇形科的。它的花单生在叶腋，花冠二唇形，上唇呈盔状，窄而高高凸起，下唇展开，稍稍下垂，是黄芩属的特征了。

　　那朵淡黄色的大花是百合科的北黄花菜。它的叶子与萱草一样向两侧伸展，只是更细一些；长长的花葶先分为了两杈，每杈上又分成了两杈；花有 6 个花瓣，微微向外翘曲，雄蕊也是 6 个，它们和花柱一同先是伸直，在花被筒口又一同向上呈 90 度弯曲，怪有意思的。

　　那个长圆形的小紫球是地榆的花序，它和龙牙草同属蔷薇科。蔷薇科中的草本植物花序形态真是变化多端。龙牙草是细长的总状花序，地榆则是短粗的穗状花序。地榆的花太小了，要用放大镜才能看清它的小花。那一朵朵小花拥挤地排列在花序轴上，每一朵小花有 4 个紫色的花瓣状萼片，没有花瓣，细长的花丝淡

红色，伸出萼筒之外，顶端是黑色的卵圆形花药。

草甸中有些种类的草花是成片聚集在一起的。

那片黄色小花的奇特之处是，每朵小花有 5 个花瓣，却只有 4 个雄蕊；掐一片草叶闻一闻，有一股不那么好的味道。它就是败酱。

那片淡紫色的花是玄参科的穗花马先蒿，它是亚高山草甸的特有植物。它的叶子很容易识别，4 个一组轮生在枝上，长条形，先端渐尖，叶缘均匀分布着羽状裂；花序下宽上窄，小花一层层整齐地排列，就像一座多层宝塔；小花是与黄芩类似的二唇形，上唇也是盔形拱起，只是很短小，相比之下，下唇显得宽大得多，而且明显裂成三片，裂片是淡紫色的；花冠筒内面白色，上有深紫色的纵纹。

草甸上还有几种伞形科植物，它们大都有着复伞形花序，白色的花小而密集。由于它们大多还没有结果，很难鉴别出属和种，我只认出那开着黄色小花的是柴胡。

草甸中有多种小型的野菊花。它们中间的管状花都是黄色的，舌状花则有的淡蓝，有的淡紫，有的洁白。

那株高大的植物也是菊科。它的花枝粗而长，上部分呈数枝；每枝上有一个球形的头状花序，球上布满了细长的绿色苞片，就像一个绿色的小刺猬，顶部是一撮深紫色的花。它就是牛蒡。

草甸上最引人注目的菊科植物是蓝刺头。它的叶片边缘布满了尖锐的刺，蓝色的球形花序在花开之前整个就是一个大刺球。

草甸上的野花种类实在是太多了，细心寻找，你会有惊喜的发现。

那朵花瓣水平开展的淡紫色小花在城市里的花坛中也很常见，它就是石竹。也许在你家的花盆中也栽了几棵呢！

一棵瘦高的小草吸引了我的目光，你看它那黄绿色的小花太像船上的锚了，大概就是因此人们才给它取名花锚吧。其实它那 4 个锚钩是花瓣延伸形成的角状距。

花锚属于龙胆科。龙胆科植物也是亚高山草甸的特有植物。

在这海拔 2000 米的草甸上，我发现花的颜色大多非常鲜艳，而且带蓝色和紫色的花非常多。这大概是因为这里的紫外线更强一些吧。

观察、记录

选一座海拔 1000 米以上的山，从 800 米左右开始观察。记录你发现的每一种比较特别的植物。

用照相机把你感兴趣的植物及其突出特征拍摄下来。

我来解释

比较高的山顶上没有高大的树木

通过实地观察，我发现，同样的树种，在山谷中要比山顶上高而直，山顶上的树大多树干倾斜。这可能是因为山顶的风大。

自然植被与人工植被的显著区别

自然植被与人工植被的显著区别是植物群落的结构特征。自然植被的结构复杂，垂直层次多，植物种类也多；相反，人工植被的结构简单，垂直层次少，植物种类也少。

植物花的组成及形态特征

花萼、花冠、雄蕊、雌蕊、花托、花柄是花的六大组成部分。六个部分全都具备的花叫做完全花，缺少一部分或几部分的花叫做不完全花。

花瓣常常是花最醒目的部分，它们

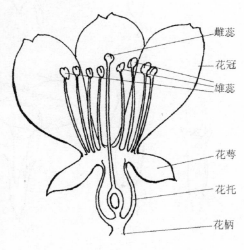

图 1-7-2 花的组成部分

组成了花冠。只有一轮花冠的花被称为单瓣花，有两轮或更多轮花冠的花被称为重瓣花。

在花冠的外面常常还有一轮小一些的，像叶片一样绿色的花萼。

花心中那一根根细丝，上面顶着一个稍微粗一点小东西的就是雄蕊，细丝被叫做花丝，上面顶着的就是花药。用手指轻轻弹一下刚刚开放的花的花药，就可以看到花粉飞出来。

花的最中央一般是一根粗一些的花蕊——雌蕊，植物的果实和种子就是由它发育而成的。

雌蕊的下部是子房，顶部是柱头。当花粉落在柱头上，会从花柱进入子房，使花完成授粉的过程。授粉后的子房就会慢慢膨大，长成果实和种子。

花萼、花冠、雄蕊、雌蕊等，基本上都是长在花托上的，一个花托上可能只长了一朵花，也可能长着许多朵花。

花托的下面是花柄。花柄有的细长，也有的短粗，还有基本没有花柄的花。

花冠的形态大致可以分为八种，如图1－7－3所示：①十字形花冠；②蝶形花冠；③蔷薇花冠；④管状花冠；⑤舌状花冠；⑥漏斗状花冠；⑦钟状花冠；⑧唇形花冠。

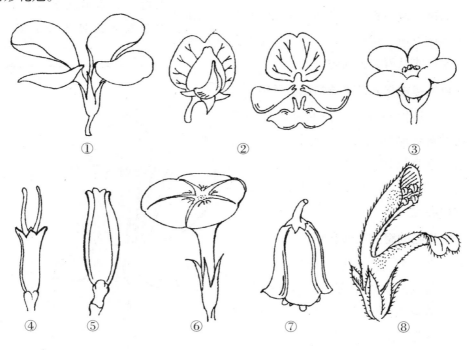

图1－7－3　花冠的类型

延伸活动

探究中山地区为什么会有那么多看起来比较奇特的奇花异草。

八单元　风吹草低的牧场

活 动 内 容

观察草原植被的组成类型及其形态
特征。

活 动 准 备

图 1 - 8 - 1　砂蓝刺头

查阅相关的资料，了解距离最近的草
原在哪里，草原的主要植物物种有哪些，它们又有什么特征。

观 察 点 拨

夏季是草原植物生长最旺盛的季节，也是花
比较多的季节，更容易辨认植物的科和属。在开
始的时候，识别植物物种可能很难，可以先根据
植物的特征确定科，拍摄植物各部位不同角度的

> **提示**
> 草原植物多数花比较
> 小而且不那么鲜艳，要靠
> 近一些仔细观察。

照片，以便回家以后还可以根据照片检索确认它们的归属。

即使是同一种植物，由于生活在不同的地区，其形态特征，如植株高矮、叶
片大小等，也会有很大的差异，但其基本特征是不会变的。

问 题

草原主要由哪几科植物组成？
生长在草原的植物有哪些不同于森林植物的显著特征？

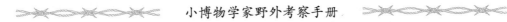

跟我来

从张北坝上到内蒙古草原

"敕勒川,阴山下,天似穹庐,笼盖四野。天苍苍,野茫茫,风吹草低见牛羊。"

小时候,我就已将这首著名的民歌倒背如流了。不知道从什么时候开始,那风吹草低的牧场就时常来到我的梦里。

这个暑假,我终于可以圆梦了。

翻过了军都山,长城被远远甩在了后面,张北安固里到了。没有了高山的阻隔,更没有高楼大厦的遮挡,视野开阔了。碧蓝的天空下,点缀着几个大大的蒙古包。

这里是草原度假村。草原远不如我想象的那样肥美,而是高矮不一,参差不齐,而且稀落得难以将地皮完全遮盖。不过仔细看一看,草的种类倒是蛮丰富的!

这里禾本科的草占了很大部分,有我比较熟悉的狗尾草、早熟禾等,也有许多我不太熟悉的种类。要辨别它们,需要用放大镜观察,对照植物志检索。我没有一一去查,只是尽可能地把不同的种类都拍了照片。

草原上更吸引人的是那些非禾草类植物,特别是那些正在盛开着的鲜花,还有那些色彩艳丽的小野果。

那一丛小灌木上挂着许多鲜红的长圆形小果子,就像节日里的一个个红灯笼,看着就让人垂涎,它就是枸杞。摘一个放在嘴里。甜甜的味道蛮不错呢!

注意,你可别看到好看的果子就放在嘴里,并非好看的果子就一定好吃,也许它是苦涩的,甚至是有毒的呢!不认识的果子要找了解情况的人请教,起码要看到别人吃了,你再品尝。在草原上,我还看到了一些扁圆的红色或黑色的小果子,因为不知道是什么果,也没有人可以问,就不敢品尝了。

那一丛小白花看起来是那么熟悉,蹲下来细看,原来是毛茛科的瓣蕊唐松草!在百花山我也见过它。它的特征太显著了,让人过目不忘。它没有花瓣,那许多白色的花瓣状的东西是它的雄蕊。你看,它们的顶端还有黄色的花药呢!

草原上开放着各色的野菊花,有黄色的、淡紫色的、淡粉色的、淡蓝色的,还有白色的。

那粉红色的有着长长花冠管的泥胡菜是我熟悉的。

草原上的菊科植物与我在山地见到的有些不同，叶子要小一些，许多叶子上面有着密密的绒毛。这大概是适应草原上更干旱的气候而自然选择的结果。

一个相貌奇特的大刺球引起了我的注意。它看起来有点像我在白草畔看到的蓝刺头，只是要小一些；颜色也没那么蓝，而是有些发白；叶子的样子更有趣，窄小且叶缘长满了小尖刺，还整体反卷着。查阅植物志才知道它叫砂蓝刺头，与蓝刺头是同一个属的。

除了禾本科植物，这里最多的应该是豆科植物了。

豆科植物多为优质牧草，所以在这里看到的豆科植物有些也许是人工种植的呢！

你看那蒙古包附近的有着长长花序、开着密密的小黄花的草木犀，它们应该是人工种植的。看那带有皱纹的果子，可以确定它们是细齿草木犀。

草原上的豆科植物既有花大而艳丽的，也有花很小而不起眼，不仔细找都难以发现的。还有一些植物花期已过，只有荚果可以帮助我们判定它们的归属。那棕红色扁柱形的荚果应该是锦鸡儿了，而那鼓鼓的荚果则是黄耆了。

草地上那鲜黄而又带有深紫色的小花是扁蓿豆。现在不仅能看到花，还能看到它长圆形带小尖头的果实呢！

花色最鲜艳的是紫苜蓿，一般是十多朵淡蓝紫色的花簇拥站排列在花枝顶部。

我还想看看更美的草原，因此我们驱车继续向北。

穿过一片绵亘的沙丘，我们来到了贡格尔草原。

这里是内蒙古草原东部地区，气候相对湿润，河流比较多，天更蓝，草原更广阔了。

这里的草原比我想象的要美，其中不仅有禾本科的草，还有很多其他种类的草，枝叶繁茂，有的还开着紫色、淡粉色、蓝色、黄色、白色等形态多样的花，把碧绿的草原点缀得五彩斑斓。

我对草原上一些有花的植物非常熟悉，一眼就能认出来。那花冠像一个高脚碟，粉红色的花瓣水平伸展的是石竹；花冠蓝色，像一只只小钟样垂挂在枝上的是沙参；花冠蓝色向后延伸成距的是翠雀；同样是蓝色的花冠，上面高高隆起像头盔一样的草乌；还有枝叶纤细，有着很小的小黄花的柴胡等。也有很多我不太

熟悉，只能大致判定到科的植物。

禾本科、鸢尾科和景天科植物的叶子形态及排列特点鲜明，即使没有花和果实，也比较容易确认。禾本科植物的叶片是禾草状，鸢尾科植物的叶片扁平而侧向排列，而景天科植物的叶片则是厚而多汁的肉质叶。

那成片的高大禾草应该是羊茅吧。它们约有半人高，叶片宽而柔软，花序大而疏散，小穗毛茸茸的。一阵风吹过来，真的有点风吹草低的感觉了。

鸢尾科植物的花形态奇特，颜色艳丽，有橘红色、紫色、蓝色、白色等，花瓣里面常常带有深色的条纹或斑点，非常好看。

草地上那一丛丛"毛毛虫"引起了我的注意，走近了看，原来是景天科的钝叶瓦松。它们中间有的花序的长度长达20多厘米，有的则比较短；许多很小的花拥挤地聚集在一起，和里面饱满的红色鳞片相比，淡绿色的花瓣和黄色的雄蕊都显得那么的柔弱。

仔细观察，草丛中还可以发现另外几种景天科植物，包括叶片细小且发红的瓦松、花序排列像小伞的景天三七等。

除了禾本科以外，菊科、豆科、十字花科、藜科、唇形科、玄参科、毛茛科、百合科等，都是比较常见的科。这些科的辨认在有花的时候非常容易，主要是靠花的形态和花序的排列来确认。

菊科有着特有的头状花序，无论大小，每一个头状花序大都有多层总苞片包着。那个花序边缘的舌状花宽大，像个小向日葵的是翠菊；茎和叶缘多刺，就连苞片都带刺的是飞廉；那棵叶缘多齿，像锯一样的草是不是引发鲁班发明锯的蓍草？查了植物志，根据它的舌状花和管状花都是白色，我确定它是高山蓍；那片浑身长满白色绒毛的小草一定是火绒草了……草原上的菊科植物真是太多了，有常见的蒲公英、苦菜、蓟、马兰、泥胡菜，还有花很小，但全株带有浓郁味道的多种蒿，最引人注目的是祁州漏芦。它高大粗壮，每株只有一个花序；总苞宽大，像一个小盆；总苞片外面是一个个干膜质的金色附片，非常显眼；里面的淡紫色小花细长且多不胜数，密丛丛地从总苞中探出头来。

十字花科植物的花冠有4个花瓣，呈十字形排列，非常容易辨认。不过现在大多没有花，只能根据果实的形态辨认了。十字花科的果实都是角果，有角果细长而直的播娘蒿、角果长而弯曲呈串珠状的串珠芥、角果呈倒三角形的荠菜、角果扁圆的独行菜，以及角果球形的风花菜等。

豆科植物的花冠最独特，像一只只展翅欲飞的小蝴蝶。有果实弯曲、上面长满刺的甘草，有枝端带有卷须的野豌豆，还有花序挺立、小花排列紧凑的直立黄黄耆。

藜科植物在干旱盐碱的草原上很常见。它们也许是最其貌不扬的植物了，植物体分枝多而显得杂乱，花小且色彩暗淡单一，一般是灰色或绿色的，与枝叶难以区分。碱蓬是沙地上最多的植物。它们的叶子细小，开着许多黄色的小花，比较容易辨认。

唇形科植物的花冠常常是分成上、下两唇。常见的有黄芩，它们的花的排列很有特点，几乎都排列在花序轴的一侧；还有并头黄芩，它们的花都是两个一对地排列在叶腋。如果没有花，可以辨别它们的还有一个重要特征——茎干四棱形。

玄参科的植物也不少，它们的花也大多分成两唇形，只是没有四棱形的茎干。那些植株有半人高，开着黄色带长距花的是柳穿鱼；那株有着长长的穗状花序的草那么眼熟，一看它叶子的排列形态——多片叶轮生，原来是草本威灵仙。

百合科是草原上花朵最美的一类植物。最多的是开着淡紫色花的山韭，花序呈圆球状，在草原上非常容易发现。草原上的人喜欢采摘它的嫩花序做菜，我还真吃到了他们做的山韭花炒鸡蛋呢！黄花菜是百合科中另一种可以做菜的花，只是现在已经过了花期，看不到花了。不要以为百合科植物都是一些矮小的花草，还有花序高大的藜芦。我在草原上就看到了它正在开花，长长的花序高达一米多。

河湾边那一片金黄色的小花那么艳丽，近前一看，原来是金莲花。第一次看到盛开的金莲花，它们真的好漂亮呀！金黄色的花萼每一个都那么恰到好处地伸展着，既不夸张，也不畏缩；同样是金黄色的花瓣又细又长，直直地挺立着，让人感觉是那么的舒展。我不得不惊叹大自然造物之精美。

金莲花属于毛茛科，草原上的毛茛科植物还有瓣蕊唐松草、翠雀、草乌等许多种。

草原上还有一些高大的乔木和较矮的小灌木。乔木包括云杉、落叶松，以及柳、榆等；灌木有蔷薇科、豆科植物等。蔷薇科植物的种类比较多，主要包括矮小的开黄花的金露梅、开白花的银露梅、结着小红果的美蔷薇等。豆科植物主要有胡枝子。

尽管由于天气过于干旱，草原的植物并不十分茂密，但却使我感受到了生命的顽强，因为还有那么多种类的植物在这里生生不息。这里也成了我利用植物志辨认植物的最好实习基地。

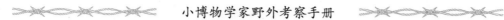
观察、记录

选择一个距离比较近的草原进行观察，了解草原植物的组成类型、草原植物的形态特征，把你观察到的植物状况填写在观察记录表中。

将植物的一些有趣的特征描绘出来或者把它们拍摄下来。

我来解释

组成草原的植物的主要的科

禾本科、豆科和菊科植物是草原最主要的科，其中大部分是优质牧草，有些还可能是人工培育的牧草。

草原植物的显著特征

草原气候比较干旱，多数植物具有耐旱的特征，如叶片缩小、带有绒毛和刺等。

我国的草原

我国的草原主要分布在青藏高原、内蒙古高原和新疆、甘肃的半干旱及干旱地区，属于温带干草原和高寒草原，以耐寒、耐旱的植物为主，生长季比较短。每年的 5～10 月，草原是绿色的，大部分植物是在 7～8 月份开花，最适合进行观察。

九单元　五色斑斓的湖畔

活 动 内 容

观察北方湿地植被的组成类型及其
形态特征。

活 动 准 备

查阅相关的资料，了解附近哪里有
湖泊。了解湿地的植被主要由哪些植物
种类组成，具有哪些特征。

图 1 - 9 - 1　缬草

观 察 点 拨

湿地常常到处是泥潭陷阱，观察湿地植被如果没有适当的栈道设施就难以靠
近，望远镜有时可能会有帮助。

问 题

湿地植被的组成有什么特点？湿地植物的突出特征有哪些？

从达赉湖北岸到南岸

达赉湖汉语译为"大海一样的湖",是内蒙古第三大湖,水域面积238平方千米。达赉湖湖岸地势平坦,有宽阔的湖滩湿地,总面积430平方千米。湿地主要有灌丛草甸湿地、沼泽湿地、湿草甸等类型。1998年7月,这里被正式批准为国家级自然保护区,主要保护对象是珍稀鸟类及其赖以生存的湖泊、湿地、草原、沙地、林地等多种生态系统。如今,它已被列入"亚洲重要湿地"名录。

从303国道到风电场群向南,就进入了达赉湖北岸湿地。这里是达赉湖渔场,冬天这里是捕鱼的地方,现在则相对清静了许多。

通往湖边的路铺得很好,路边是高约1米稀落分布的红柳丛。它们枝干细弱,枝头上有密集的粉红色小花,随风飘曳,煞是好看。灌丛周围曝露的土表层是白色的,应该是盐碱。据说达赉湖的水PH值在9以上,湖畔的土质盐碱化也是很正常的。红柳正是适应盐碱土的植物。

靠近湖边,搭有长长的木栈道。现在栈道下已经看不到有水,这是气候长期比较干旱、湖水减少的结果。栈道附近只有种类单一的发红的草,看样子应该是藜科植物。

在栈道的尽头,是宽阔的细沙滩。一些明显是人工挖出的浅坑中栽植着矮小的红柳,看样子是刚栽上不久。

沿着湖岸向东走,可以看到不同的景象。在观鸟台附近,植物的种类似乎多了一点,不过还是稀落地盖不住地皮,仍旧可以看到地面上白色的盐碱。

继续向东,就进入了湿草甸。草甸被铁丝网围成一块块的,难以进入,只能在外面观看。草似乎都是禾本科的。时而可见一条小河从草甸中穿过,有时会汇集成片片小水洼。草甸上时常有大群雪白的羊群,牛群似乎更喜欢徘徊在路边,偶尔也可见几匹骏马在水边嬉戏。在河流经过的附近,草更绿、更高一些。草甸上时而出现一丛丛高大的禾草,我猜想它们生长的地方可能是地下水位比较高甚至出露的地方。如果草甸上全是这种草,那就绝对能有"风吹草低见牛羊"的景象了。

绕过曼陀山,就到了达赉湖南岸的碧海银滩。这里有好几条通往湖边的木栈

道。栈道穿过了几道高度在一米左右的沙堤，可见这边的湖水是有进有退的，正是湖水进退的过程形成了这几道沙堤。

沙堤上生长着不太高的树木，主要是柳、榆和桦。沙堤两侧则是泥潭，以及小片积水的湿地，生长着多种喜湿耐水淹的植物，有蓼科、菊科、伞形科植物等。似乎水大的时候，也会漫过沙堤淹到这里。

水源丰富的地方就是不同，草显得那么鲜嫩，那么富有生机，花也显得更娇艳可爱了。

那株白色的小花是虎耳草科的梅花草。那株开着淡蓝色花的小草怎么好像是龙胆？查了《植物志》，我确定了它还真是龙胆科的，不过它的学名叫轮花肋柱花。

那高高在上开着黄色花的是西伯利亚橐吾。与我们以前在山上见到的狭苞橐吾明显不同，它的花序下面有宽大抱茎的苞叶。

那株高大的有着淡粉色的伞房花序的是败酱科的缬草，它的花序由众多小花组成。

穿过最后一道沙堤，树丛不见了，到处是积水，满眼水草丛生的景象。西边是大片的芦苇，再往西则是更大一片的蒲草。走近仔细观察，蒲草的花穗已经成形，只是颜色还是绿的，不那么显眼。如果要是在9月份来，就会看到成片颜色发红的蒲棒和摇曳的芦花了，那一定是另一番景象。

芦苇和香蒲是北方浅水湿地野生植被的最重要组成部分。

芦苇丛边有一片矮小的水生植物，它们茎干细而直，密密丛丛的，顶端有棕色的花序。根据我的经验，它们似乎是荸荠。荸荠属于莎草科，这些不知道是野生的还是人工栽培的。

湖边那一块地势稍高的地方有一小片很像禾草，走近了才发现原来是莎草。它们的秆三棱形，小穗成团地聚集在一起，下面有长长的分成几权斜向伸展的叶状苞片托着，正是适合在湿地生长的莎草。

在这片湿地中，我还发现了几棵菊科植物。它们孤零零地混在好像刚刚被水浸润过的沙滩上，让人更确定这块滩地是水有进有退的区域。

达赉湖南岸的植被从湖边到曼陀山山脚，是从湖滨湿地逐渐过渡到沙地草原，植物种类十分丰富，景观变化也非常明显。

从最上面一道沙堤向上，地面不再有积水和泥泞，树木也很少了。山脚是一片沙地草原，尽管是沙地，植被还是比较密的，草将地面覆盖得严严实实，基本

看不到裸露的沙土地。植物以禾本科、豆科、十字花科、菊科、藜科植物为主，间有少量莎草科、百合科、桔梗科、鸢尾科、伞形科、蓼科、景天科等草本植物。

草地上的植物种类与贡格尔草原那边大同小异，但看起来生长得要比那边旺盛得多。有高达五六十厘米的禾草，叶片更多、更大、更绿，花序也更长一些的钝叶瓦松、黄色花序又多又密的碱蓬、开着成串蓝紫色花的紫苜蓿以及鲜艳的蓝色花的沙参等。

草地上偶尔也会有几棵不高的灌木——胡枝子。

那棵野鸢尾的叶片好大呀！鸢尾既能在比较干旱的条件下生存，也能适应比较湿润的环境。也许是这里的水源更充足，所以它的叶片才长得这么大吧。

那一串紫花是什么？细看它只是下部有几片叶子，细长而抱茎，花梗细长，一个挨着一个的小花有细长的距，花瓣很像兰花。查《植物志》后确定，它是兰科的手参。

图 1－9－2　红柳

观察、记录、摄影

找一片人为干扰比较少、植被比较丰富的湿地进行一次考察，记录其中植物的种类。是否其中有些植物在山地或其他地方见到过？观察植物的形态特征，有条件的应该将一些重要特征拍摄下来，比较湿地的植物和其他地区见到的同一植物在形态特征上的差异。

我来解释

根据我的观察，湖滩、河滩湿地植被的组成种类一般相对单一，这是因为适应水淹条件的植物种类相对比较少。特别是湖泊的水质偏碱性或是咸水湖、盐湖，能够适应的植物种类就更少了。

湿地植物的突出特征是植物体有比较好的透气功能，如芦苇的茎秆是中空的。

我国的湿地正面临着威胁

湿地是人类近些年开发比较多的区域之一，如我国黑龙江原有大面积的沼泽湿地，从 20 世纪 50 年代开始的垦荒活动已经使大部分湿地变为了农田。在人口稠密的地区，人为干扰少的湿地非常少。

我国北方湿地目前人为干扰比较少的主要分布在内蒙古东部、黑龙江西北部、新疆北部及天山腹地等。

第二章

熟悉动物

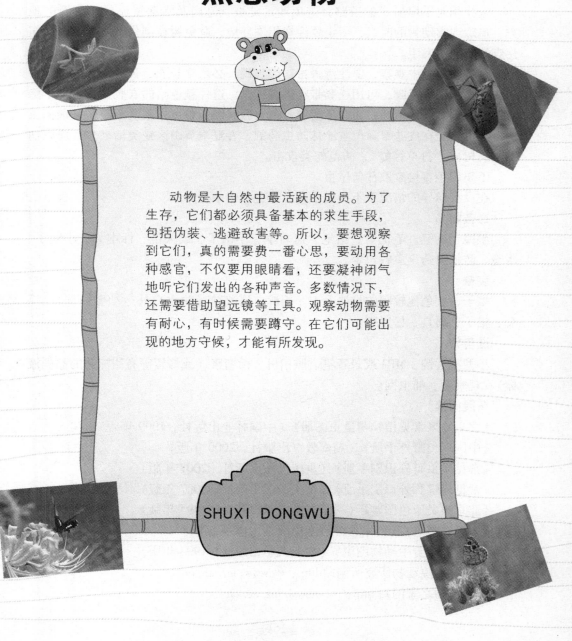

　　动物是大自然中最活跃的成员。为了生存，它们都必须具备基本的求生手段，包括伪装、逃避敌害等。所以，要想观察到它们，真的需要费一番心思，要动用各种感官，不仅要用眼睛看，还要凝神闭气地听它们发出的各种声音。多数情况下，还需要借助望远镜等工具。观察动物需要有耐心，有时候需要蹲守。在它们可能出现的地方守候，才能有所发现。

SHUXI DONGWU

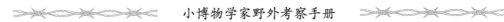
本章特别提示

安全提示

应该在成年人陪同下进行野外观察，特别注意不要独自到人烟稀少的林区进行观察，以防迷路和其他意外事故发生。

选择相对平坦易走的道路，避免涉足陡坡、悬崖及水深溪流或多落石的地方。追踪观察动物的时候，一定要注意周围环境，避免树枝刮伤、坑洼摔跤、扭伤脚等状况的发生。

在茂密丛林中观察，要注意毒虫、蛇、蝎，必须穿长衣、长裤、旅游鞋。为了防止虫子钻进裤脚，可用松紧带将裤脚绑紧。选择颜色暗的衣服是为了便于隐蔽，以减轻对鸟的惊吓；尤其不要穿黄色衣服，因为黄色衣服既耀眼，又最招虫子；还可事先在皮肤暴露位置涂抹防虫药剂。春夏季节山区蛇类活动多，应以捕虫网或树枝"打草惊蛇"，防范蛇类攻击。

不要用手直接拿取任何昆虫。

在没有向导的情况下不要走小路，以免在山中迷路。

必备物品

墨镜、钢笔、笔记本、铅笔、速写本、小镊子、放大镜、标本袋、小瓶子、水壶、防蚊虫药、急救包等。

装备

帽子、颜色比较暗的长袖上衣、长裤、旅游鞋（防水户外运动鞋最佳）、手套、帽子、雨具、松紧带。

选备物品

小型望远镜、MP3 或录音笔、照相机、稀糖浆（或蜂蜜等有甜味儿的黏稠液体）、观察盒、捕虫网。

拓展阅读

《北京地区常见植物与昆虫图册》（中国林业出版社，1999 年版）

《中国鸟类野外手册》（湖南教育出版社，2000 年版）

《常见昆虫野外识别手册》（重庆大学出版社，2007 年版）

《常见蝴蝶野外识别手册》（重庆大学出版社，2007 年版）

《北京蝶类原色图鉴》（科学技术文献出版社，1994 年版）

《中国蝶类志》（河南科学技术出版社，1994 年版）

《北京保护野生动物图说》（农业大学出版社，1993 年版）

中国科学院动物研究所网站 http：//www. ioz. ac. cn

野生动物之家网站 http：//animal. ioz. ac. cn

一单元 乌鸦、喜鹊及其他

活动内容

图 2 - 1 - 1 麻雀

观察城市常见的鸟类，主要有乌鸦、喜鹊、麻雀、燕子等。观察项目主要包括鸟类的鸣叫、形态特征及其生活习性。

活动准备

可先参阅《中国鸟类野外手册》，了解本地区常见鸟类的形态特征及其生活习性。

观察点拨

鸟是一类非常警觉的小生灵，其中大部分都很怕人，动静大一点，它们就会很快飞逃。观鸟不仅要注意自身的安全，还必须注意保护鸟的安全，尽量不要惊扰它们，不要妨碍它们的正常生活。

观鸟可选择游人比较少的园林，如远离居民区的公园。在公园里，还可以选择草树繁茂、游人稀少的区域；另一方面，选择游人相对比较少的时间，如小雨天气、黄昏时分等，也能提高观鸟的成功率。

鸟类的形态特征主要是指它们的羽毛、嘴、眼睛、腿、脚的形态和颜色。

鸟类的生活习性，包括栖息条件；喜欢在什么地方活动（地面、树上），喜欢成群活动，还是成双出现，或是常常独来独往；在树枝上建巢，还是在草丛中搭窝，或是在树洞中、屋檐下藏身，以及它们的食性等等。

要更好地观察鸟，还必须学会隐蔽。不仅行动不能出声音，还要尽量避免碰触周围的植物。因为枝叶的轻微摇动，鸟都会有所察觉。

观鸟需要耐心。观鸟活动可以提高我们各种感官的识别判断能力。一些鸟喜欢以茂密的树丛为掩护，令我们难以发现。听到鸟的鸣叫、取食和活动等动静，我们可以根据声音判断鸟所在的方位，用眼睛乃至借助望远镜快速在树木、草丛中搜寻、捕捉和追踪它们的踪迹。

有些长期生活在城市中的鸟已经习惯了城市的喧嚣，只要我们在安全距离之外，它们就若无其事，我行我素。当我们进入了它们的安全距离之内，它们就会很快飞走。这些鸟更容易观察，可以先以它们作为培养观察能力的对象。

问题

观察燕子，你知道燕子飞行的高度与什么条件密切相关吗？

你知道乌鸦以及各种鹊之间的亲缘关系吗？

通过观察，你知道我们身边的这些鸟住在哪儿吗？你了解它们主要吃什么吗？

你曾经参与过制作和悬挂人工鸟巢的工作吗？你觉得这一做法的效果如何？你认为生活在城市中的鸟类面临着哪些生存危机？保护它们，我们还应该做些什么？

跟我来

公园中的发现

市中心有一座古老的皇家园林——景山公园。每逢周末，我都会和妈妈去那里散步。

红墙环绕的公园里，古木参天，碧草茵茵，一座不高的小山是我总也爬不厌的。

别看这公园不大，鸟却格外多。一走进公园，就能听到各种鸟的叫声，高大的老槐树上常可见到喜鹊窝。在山坡没路的地方，成群的麻雀竟然能旁若无人地在草地上捡拾草子。当你走到距离它们只有两步远，都能看清楚它们脸上的白斑时，它们才纷纷飞到树上去。

枝叶繁茂的柏树梢头传来一阵清脆的鸟鸣，我仰头看了半天，也没找到它。直到对面一棵树上传来呼应的叫声，它飞了过去，我才看到它——一只灰色的鸟，大小和喜鹊差不多，但和喜鹊比起来，身材要苗条得多，叫声也好听得多。用望远镜对准它，我发现，它其实很漂亮，头部就像戴着一顶黑帽子，背部和胸部灰白色，翅膀和尾巴上的羽翎蓝灰色。哦，是灰喜鹊！它的嘴里还叼着一条毛虫呢！

远处林中的草地上又传来了灰喜鹊的叫声，我大气都不敢出，蹑手蹑脚地试图靠近它们。可它们似乎感觉到了威胁，慢慢地向山坡的背面移动。不过，我还是看清楚了它们。一群灰喜鹊，有六七只吧，有意思的是走在最后的竟然是一只花喜鹊，仿佛这群窈窕淑女的守护神。草丛中，一个蓝灰色的东西闪着亮光引起了我的注意，拾起一看，原来是一支灰喜鹊的翎毛。

山顶上是一座不小的四方亭，无数只燕子在亭子周围穿梭，唧唧的叫声甚至压过了嘈杂的人声。

沿着蜿蜒的石阶下山，忽然，一只更大的鸟从不远处飘过。它太漂亮了！张开的双翼宽大舒展，就像一架滑翔机。虽然它的颜色与灰喜鹊相似，但怎么看都觉得它更美，它头上的黑色一直延伸到了脖颈，而头顶是一撮雪白的冠羽，长长的尾巴比身体还长。当它落在草地上时，尾巴高高翘起，尾尖弯曲下垂，好美的造型！用望远镜仔细看，它的脚、喙和眼圈都是鲜红色的，翅膀和尾部最边缘的

羽毛为黑色，羽尖则是白色。它就是红嘴蓝鹊。

不远处，另一只红嘴蓝鹊正在呼唤我身边的这位，它也张口回应。听那声音，千回百转，真令人怀疑，这么好听的声音是由这么大的鸟的喉咙里发出来的！难怪院子里的爷爷说："这公园里的鸟就是比笼子里的鸟叫得好听！"我似乎也感受到了鸟儿们欢快的情绪。

图 2-1-2　灰喜鹊

观察、记录

选择一个草木茂密、游人比较少、比较安静的地点寻找并观察，记录你观察到的鸟。

用素描方式画出它们活动环境的草图，用照相机或者摄像机把它们拍下来。

提示

录音要远离交通繁华的街区，并且选择附近少有游人经过的地方。如果有能够定向录音的设备，效果会更好。

野外拍摄鸟难度较大，原因之一是它们身体小；第二是它们身体灵活，活动迅速，很难靠近；第三是它们具有良好的保护色，而且经常栖息在光线比较暗的树丛中。要拍摄到像质优良的鸟在大自然中活动的照片，需要有耐心，预先侦察好鸟类经常出没的地点，带上照相机，埋伏在那里，等着鸟儿来。

如果有长焦距的照相机，也许能拍摄到小鸟的特写镜头。

在光线暗弱的情况下，拍摄鸟可以使用光圈优先，并将光圈放在最大，以获得尽可能高一些的快门速度。当然，如果想拍摄到有动感的鸟的照片，也不妨放慢快门速度。

看到鸟后，为了不惊扰到它们，不要急着靠近，可以先拍几张远距离的照片，然后再小心地接近，持续不断地拍照，以获得尽可能清晰的图像。

我来解释

莺歌燕舞，鸟语花香，是人们向往的美好生活环境。鸟类不仅给我们的生活增添了优雅情趣，它们还是城市美好环境的保卫者。

燕子的食物主要是昆虫，它们为我们消灭了讨厌的蚊子，让我们能生活得更舒适；喜鹊主要吃毛虫，麻雀吃草子和小虫，它们能消灭害虫和杂草，保护森林和庄稼。

延伸活动

今天，随着城市生态环境的改善，城市中的鸟类正在增多。除了乌鸦、麻雀、喜鹊、燕子以外，啄木鸟、斑鸠、戴胜等也成了城市园林中的常客；在春秋季节，还可见太平鸟、蜡嘴雀、多种鸫以及杜鹃等；甚至在一些游人较少的城区园林中，冬季我们还看到了猫头鹰。

选择不同的地点、不同的季节，继续观察，看看你能有什么新发现？探究一下这些鸟的出现有什么规律？它们看中了这里的什么？

图 2 - 1 - 3　燕子

二单元　水禽湖

图 2 - 2 - 1　小天鹅

活 动 内 容

观察本地区常见的水域鸟类。

水域鸟类主要有两大类——游禽和涉禽。

游禽是会游泳的鸟，本地区常见的主要有雁鸭类，最普遍的是绿头鸭。此外，斑嘴鸭、豆雁、鸿雁等也比较常见，偶尔还可能见到天鹅、针尾鸭、鸳鸯、潜鸭、鹏鹏、秋沙鸭和鸬鹚等。

涉禽一般栖息在河湖浅滩，以浅水和泥滩中的小鱼、小虾和软体动物为食。本地常见的有鹭，如苍鹭、夜鹭、草鹭、池鹭、绿鹭、白鹭等；鹬，如青脚鹬、白腰杓鹬等；鹤类中比较常见的是灰鹤；黑鹳是我国一类保护动物，数量已经非常稀少，在北京地区偶然可见。

此外，还有一类会潜水、以捕鱼为生的鸟，也常常出现在水域周围，可被列入水域鸟类观察的对象，如翠鸟等。

观察项目主要包括它们的栖息环境、鸣叫、形态特征及其取食方式等生活习性。

活 动 准 备

可先参阅当地地图，了解附近有哪些面积比较大的水域，再参照《中国鸟类野外手册》，了解本地区常见的水鸟类型，以及它们的形态特征和生活习性。

安 全 须 知

观察时，最好离河湖岸边远一点，不要进入岸边的草丛、芦苇区。尽量不要在没有护栏的水边活动，以避免陷入泥潭或滑落水中，导致溺水等意外事故。

如果乘船在水域观察，更要注意安全。大风天气最好不要登船，在小船上不

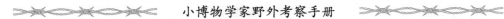

要随意走动，尽量降低重心，不要将身体探出船外。

冬季观察水禽，要注意保暖，不要在冰面上活动，避免冰面破裂导致的意外。

注意保护水禽的生存环境，不要大声喧哗，不要随意投喂食物。

观察点拨

野生水禽大部分有迁徙的习性。它们一般冬季向南方迁徙越冬，夏季会到北方的繁殖地繁育后代。有少数水禽在华北地区繁殖，部分水禽在华北地区越冬，还有不少水禽只是迁徙途经此地，稍事休息，补充一些营养，再继续前进。

鹤类和大部分䴙䴘、雁鸭类是本地区的冬候鸟；鹬类、天鹅、鹤类和鸳鸯多是迁徙过境鸟，多出现在春秋季节；鹭类、黑鹳和小䴙䴘是繁殖鸟，夏季更容易见到它们；最常见的绿头鸭也是冬候鸟，但在一些条件适宜的水域，我们也曾经看到它们在本地繁育后代。

尽管各种水禽有着不同的生活习性，但是它们都喜欢比较宽广的水域、相对宁静的环境。它们一般栖息于面积较大的湖泊、池塘、水流缓慢的宽阔河湾地带，岸边丛生的芦苇常常是它们筑巢的优良场所。对于繁殖鸟，如果有天敌难以登临的岛屿，它们就能更安心地筑巢孵卵了。

春末夏初，当我们发现水边草丛附近有比较多脱落的羽毛时，就预示着水鸟要开始孵化幼鸟了。也许几周以后，我们就可以看到绿头鸭妈妈带着毛茸茸的小鸭子在湖面上游荡了。

问题

野鸭和家鸭有什么关系？

鸟类为什么要长途迁徙？

颐和园观野鸭

冬末的颐和园，草木凋零、寒风飒飒，昆明湖还被坚冰封得严严实实。

公园里游人稀少，特别是西堤以西，更是人少。那边有两小片水域，其中一个中间有座小岛。不知道是什么原因，这里只有一半冻着冰，另一半则已经是碧波荡漾的湖水了。也许正因为如此，这里就成了水鸟的天堂。

还看不到湖面，就已经能听到此起彼伏的鸭子叫声。到了湖边，那景象真是令人叹为观止。在冰与水相接的地方，冰沿上密密麻麻站满了鸭子。其中个体大一些的有着深绿色的头部，脖子上好像戴着一条细细的白项圈。用望远镜可以清楚地看到，它的尾巴上方有两个黑色的向上弯曲的钩状物，这是雄绿头鸭的典型特征。小一点的浑身褐色斑驳，那就是雌绿头鸭了。

将望远镜对准鸭群仔细观察，我发现了几只比雌绿头鸭还小的鸭子。我好纳闷，还没到繁殖的季节，怎么会有小鸭子呢？

几只鸭子扑通扑通跳进了水里，向湖心游去。我用望远镜追踪着一只下水的小鸭子，忽然它不见了，只有那几只大鸭子在水中游弋，偶尔有一只头朝下，脚朝上扎个猛子。大概过了有三分钟，在更远的水面上露出了一个小脑袋。我把望远镜对准它，原来是那只小鸭子。我忽然想起《鸟类野外手册》中的描述，"善潜水，一次可在水下待数分钟"，一定是它——鹛䴙。

天已近午，冰上的鸭子大多缩着脖子挤在一起，懒洋洋地享受着冬日里珍贵的阳光。水里的鸭子似乎吃饱了，用脚蹼在水面上迅速划了几下，拍拍翅膀，飞上了天空。

观察、记录

到附近的水域做一次观察，寻找生活在湿地和水域的鸟类。

用素描方式画出它们生活环境的草图，或者用照相机把它们拍摄下来。

我来解释

根据观察，我认为，水禽冬季向南迁徙不是因为它们害怕寒冷，而是为了寻找更好的觅食场所；夏季它们迁回北方，则是由于北方地广人稀，有辽阔的水域让它们安心繁育后代。当我们为它们营造了良好的环境时，它们也会在此地筑巢繁殖的。

延伸活动

冬季到动物园的水禽湖去观察，还可以看到更多种类的水禽。看看你能否发现混在人工饲养水禽之中的野生水禽。

> **提示**
>
> 冬天在水禽湖边录音，你不仅可以录到水鸟的欢叫声，也许还能录下冰破裂的声音，非常有趣。
>
> 拍摄水鸟的困难主要是难以靠近。需要尽可能利用镜头的长焦距。
>
> 水面或冰面比较强的反光使光照条件比在林子里要好得多。这时，把曝光量减少一档，可获得色彩更艳丽、层次更分明的照片。

三单元　庞大的家族——昆虫

活动内容

寻找和观察本地区常见的昆虫。

主要观察它们的形态特征，鸣叫、取食方式，以及栖息环境等。

图 2－3－1　黑带食蚜蝇

活动准备

了解附近有哪些草木繁茂的公园。

参阅《北京地区常见植物与昆虫图册》或相关网站，了解昆虫的分类方法与本地区常见的昆虫类型，以及它们的形态特征和生活习性。

安全须知

必须遵从安全第一的原则，不要冒险。一些昆虫有蜇针或毒刺等可能会伤人，它们身体上的鳞片、毛等也可能有毒，不要直接用手去捉昆虫，必要时可用网或镊子捕捉昆虫。

在捕捉过程中不要吃零食，用手摸过昆虫后要注意及时洗手，尤其是吃东西前一定要把手洗干净。

注意保护自然生态环境，不要攀折草木，不要随意捕捉昆虫。

观察点拨

了解昆虫的生活习性，对我们寻找和观察昆虫很有帮助。

昆虫是一个很活跃的动物群体，生活在地球上的每一个角落。各种昆虫生存环境不同，取食寄主各异，在寄主体上危害部位也不相同。

昆虫可谓是"海、陆、空"三军无一缺少，还有一支隐藏在地下的特种兵。蜻蜓飞行于几十米以下的空中；蝗虫、蟋蟀跳跃迅捷而灵活；步行虫在陆地上摇

来晃去；"游弋"于水中的田鳖、龙虱凶残无比，以鱼苗为食；隐藏在地下的蛴螬（金龟子的幼虫），在地下"钻来窜去"取食"麦根"，造成庄稼缺苗断垄。

许多昆虫有它们独特的寄主，主要是植物，也有的是动物。一些以害虫为食物的益虫，则是追随着害虫而出现的。

果园、菜地等植物茂密繁杂的地方是昆虫最多的地方。然而由于人类现代化生产中，在农田、果园等地大量地使用杀虫剂，会对一些昆虫产生影响。

一般来说，在没有人类干扰的自然环境中，植物种类越多的地方，往往也就是昆虫种类越多的地方。

昆虫常常有很好的保护色，而且通常个体很小，所以它们非常善于隐蔽。要注意观察，还需要有一定的技巧，才能够发现它们的踪迹。

寻找昆虫的窍门很多：

找一棵矮小的树木，轻轻摇动它，看是否有什么东西掉下来……

把带来的糖浆涂在树皮上，悄悄地等候在旁边……

翻开草丛下的小石块，或者仔细观察石块中间的缝隙……

在阴暗潮湿的林子中，把朽腐的木头翻过来……

在茂密的草丛或灌木林中，将草叶或树叶翻过来仔细查看……

问题

是不是有翅膀的就一定是昆虫？没有翅膀的小虫是不是昆虫？

只看动物的名字，能判断它是不是昆虫吗？

跟我来

我们的昆虫角

在一个阳光灿烂的日子，我们生物兴趣小组的同学一行十人，在老师的带领下去景山公园观察昆虫。

刚进公园大门，一只菜粉蝶就飞舞着翅膀欢迎我们。大家来到一片开满鲜花的山坡上，兵分三路开始了捕捉活动。

我们小组的同学根据各自的特长分了工，每个人主要负责一项任务。我比较善于观察，负责寻找有趣的昆虫；小明身手敏捷，负责捕捉；小玲做事耐心细致，负责分装。就这样，大家齐心协力，不到十分钟的工夫，就捕捉到了不少各种各样的小昆虫。看着那些可爱的小精灵在瓶中舞动翅膀，大家开心极了！

"快打开瓶盖，别让蝴蝶憋死啦！"不知是谁的提议，立刻赢得了大家的共识。

几个同学采来了一些刚刚开放的鲜艳的花朵放入瓶中，几只蝴蝶马上落在花瓣上，舔食起花蜜。一只聪明的蝴蝶找到了出路，飞出了瓶口。

"这可怎么办呢？"

"我来试试……"我把一朵菊花卡在了瓶口，蝴蝶出不来了，同学们就给这朵花命名为"瓶盖花"。现在，大家开始用放大镜仔细观察蝴蝶吸取花蜜的全过程。蝴蝶把一个长长的卷起来的管子（虹吸式口器）伸进蜜腺，吸完之后又把口器卷了起来。

我们捕捉昆虫可不仅是为了好玩，而是要观察它们，并进行分类。昆虫分类是根据它们的触角、个体大小、翅膀的颜色、翅斑所在的位置及多少给捕捉到的昆虫进行身份识别。

景山公园最常见的是菜粉蝶，它最明显的特征就是在前翅顶部有两个黑斑。今天，我们不仅捕捉到了菜粉蝶，还有粉蝶科的一些其他种类，包括花斑云粉蝶、绢粉蝶、斑缘豆粉蝶等。

翅膀正反面全是白色，带有黑色脉纹的是绢粉蝶；翅膀白色，前翅中部有一黑斑，顶角和后翅外缘有几个黑斑组成花纹状，反面斑纹墨绿色的是花斑云粉蝶；斑缘豆粉蝶因其主要寄生在豆科植物上而得名，它雌雄颜色有别，雄蝶为

黄色翅膀，雌蝶为白色翅膀，前翅外缘的黑色区有几个黄斑，中部有一个黑点，后翅中部的圆点在正面为橙色，反面为银白色。

昆虫是一类个体很小、善于隐蔽、行动迅速而不容易被发现的动物。告诉你我发现昆虫的秘诀吧，搜索昆虫要动用所有的感官，不仅要靠眼睛，听力也很重要。

你听见草丛里传出昆虫的鸣叫声了吗？清脆悦耳，那是直翅目的螽斯，俗称"蝈蝈"。它全身嫩绿色，前翅酷似叶片，像一片树叶轻轻地散落在其他叶片上，在树丛中很难被发现。这就是动物的保护色，保护它不被天敌发现而丢掉性命。

长得与螽斯很像的常见昆虫是蝗虫。它们属于同一科，最重要的区别是它们的丝状触角长短不一样。螽斯的触角长，长度超过了其体长；而蝗虫的触角相对比较短，触角长度不超过其体长。

在花丛中，最容易迷惑大家的就是食蚜蝇了。一开始，我们都以为它是蜂类，仔细观察才发现：它只长着一对翅膀，属于双翅目；而蜂类则长着两对翅膀，属于膜翅目。

活动结束了，我们收获都很大，不仅捕捉到了各种昆虫，还通过工具书学会了识别它们。我们都很珍爱这些小精灵，老师说："它们是自然界的精灵，应该让它们回归大自然。"虽然有些不舍得，但大家都意识到生命的可贵，所以，我们最后举行了放飞仪式。

看着心爱的蝴蝶等昆虫重返大自然的怀抱，另一种喜悦在大家心头荡漾。

图2-3-2　透顶单脉色豆娘

观察、记录

到户外去，寻找并观察昆虫，将你的发现填写在观察记录表中。

用素描方式画出它们生活环境的草图，或者用照相机把它们拍摄下来。

提示

尽可能拍摄昆虫在大自然中的生活状态。

好照片经常会为我们的观察提供帮助，要注意从不同距离、视角拍摄昆虫的静态和动态照片。

一些昆虫的飞翔速度很快，要拍摄清楚必须利用大光圈、尽可能高的快门速度，全自动照相机可选择运动挡；有些昆虫有悬停动作，这时，它们的身体位置基本不动，翅膀却在不停地振动，适当的速度可拍摄出有意思的效果。

昆虫常常生活在比较黑暗的地方，光照条件是重要的限制因素。它们大多个体比较小，只有在光照比较强、它们的运动速度又不太快的情况下，才可以使用比较长的焦距拍摄。多数情况下还是使用微距，特别是要拍摄它们的重要特征，如触角、复眼、口器、翅脉等时，更要特别拉近与它们的距离。

我来解释

翅膀并非昆虫的识别标志

昆虫在生物学上是一个纲。它们在形态上的共同特征是：

1. 成虫的身体分头、胸、腹三部分。

2. 头部有口器和一对触角，有复眼或单眼。

3. 都有三对足长在胸部，所以又叫六足虫。

许多昆虫在胸部的背上有两对翅膀，但也有的昆虫只有一对翅膀，还有的连一对翅膀都没有。

仅仅看名字不能确定是否昆虫

虽然大部分昆虫的名字都带有虫字边，但也有许多带有虫字边的动物不是昆虫，如蜘蛛、蜈蚣、蚯蚓、蛇等。

 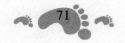

延伸活动

到商场、餐馆等处作一次调查，看看昆虫为我们的生活提供了哪些产品？

科学课堂

昆虫是地球上种类最多的动物

目前，人类已经认识的昆虫约有 100 万种，占所有动物种类的 80%。据科学家们以往的估计，仅我国就有 25 万~30 万种。随着科学的深入发展、交通工具的发达、调查的广泛深入、采集手段的改进，以及统计工作准确性的不断提高，新的种类正在不断被发现。20 世纪 80 年代，有的昆虫学家对巴西马瑙斯热带雨林中的树冠昆虫进行了调查研究后认为，世界上的昆虫总数可达 300 万种之多。

研究认识这样一个大家族，我们将很有可能获得重大发现。

昆虫分类

科学家根据有没有翅膀等将昆虫分为四个亚纲，包括 33 个目。目下再分为不同的科，科下再细分为不同的属，同一属里又有不同的种。

蚣虫亚纲 MYRIENTOMATA：1. 原尾目 Protura

粘管亚纲 OLIGOENTOMATA：2. 弹尾目 Cinura

无翅亚纲 APTERYENTOMATA：3. 双尾目 Diplura 4. 缨尾目 Thysanura

有翅亚纲 PTERYENTOMATA：5. 蛩蠊目 Grylloblattodea 6. 蜚蠊目 Blattaria

7. 等翅目 Isoptera　　8. 螳螂目 Mantodea　　9. 竹节虫目 Phasmida

10. 直翅目 Orthoptera　11. 纺足目 Embioptera　12. 革翅目 Dermaptera

13. 缺翅目 Zoraptera　14. 啮虫目 Corrodentia　15. 食毛目 Mallophaga

16. 虱 目 Anoplura　　17. 襀翅目 Plecoptera　18. 蜉蝣目 Ephemerida

19. 蜻蜓目 Odonata　　20. 缨翅目 Thysanoptera　21. 半翅目 Hemiptera

22. 重舌目 diploglossata　23. 蛇蛉目 Raphidiodea　24. 广翅目 Megaloptera

25. 脉翅目 Neuroptera　26. 长翅目 Mecoptera　27. 毛翅目 Trichoptera

28. 鳞翅目 Lepidoptera　29. 鞘翅目 Coleoptera　30. 拈翅目 Strepsiptera

31. 膜翅目 Hymenoptera　32. 双翅目 Diptera　　33. 蚤 目 Siphonaptera

在以上 33 个目中，到目前为止，我国除重舌目没有发现以外，其余 32 个目都有。

昆虫的生命周期

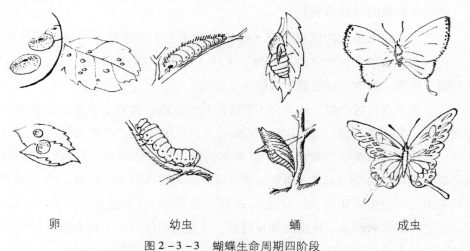

| 卵 | 幼虫 | 蛹 | 成虫 |

图2-3-3　蝴蝶生命周期四阶段

　　昆虫的一生有变态，从卵孵化出幼虫，幼虫取食长大，在一定条件下，某些种类化蛹，蛹再变成成虫，也有些种类直接变成成虫。

　　许多人喜欢蝴蝶，但是，有些人可能不知道，蝴蝶都是由那些看起来令人讨厌的毛毛虫变成的。

　　在人们的传统观念中，昆虫大都是对人类有害的。但是，许多昆虫在不同的生命阶段，对自然环境的影响是不同的。例如，蝴蝶在幼虫时大量取食植物的枝叶，会对农林业和自然植被造成破坏。但是，变成成虫后，它们却能为植物传播花粉。还有许多昆虫是以害虫为食的，包括螳螂、瓢虫、一些甲虫，等等。

昆虫的生活习性

　　昆虫的生活习性主要有趋性和食性。

　　趋性是昆虫感觉外界事物，产生"趋向"或"趋避"的生理特性。趋性主要有趋光性和趋化性。

　　趋化性是昆虫对化学物质，如糖、醋、酒、花的香味产生的趋向性。

　　趋光性是对光产生的趋向性。所谓"飞蛾扑火，自取灭亡"，其实就是鳞翅目的"蛾类"具有趋光性的生动写照。

　　食性是由遗传性或上代长期适应形成的，某些种类昆虫只爱吃一类或几类植物。根据各类昆虫所吃食物的种类，它们的食性可分为植食性、腐食性、杂食性、单食性等。

　　我们也正是利用昆虫的这些生活习性，可以很容易地捕捉到许多昆虫。生产

中还利用昆虫的这些习性来灭虫。

法布尔和他的《昆虫记》

法布尔是法国杰出的昆虫学家。他从小就迷上了小小昆虫，19 岁时，他立志要做一个为虫子书写历史的人。为了生计，他教了 20 多年书。同时，他靠自学取得了物理、数学、自然等学科的学士学位。

为了实现自己的理想，他舍弃了舒适的城市生活，放弃了工作，在荒僻的乡村建设了一个"荒石园"，把小小的昆虫引入自己的家中，过着与虫为伴的清苦生活，开始了他的观察和研究。在 40 多年的时间里，他以自己的观察记录撰写出了 200 多篇纪实性的文章。那些文章里既有人人喜欢的美丽蝴蝶，也有样子丑陋的毛虫、菜青虫，还有人人厌恶的蜣螂（屎壳郎）。从这些小虫的取食、婚配，到它们由卵到幼虫、成虫的变化过程，乃至它们的营巢、睡觉都描绘得细致入微，生动有趣。这 200 多篇文章后来被编成了十卷的《昆虫记》。

四单元 森林中飞舞的精灵
——蝴蝶

图2-4-1 树干上聚集的蝴蝶

活动内容

观察自然条件下各种蝴蝶的形态，认识一些野外常见蝴蝶，了解一些蝴蝶的生活习性。

活动准备

通过查阅资料，了解活动地点有哪些蝴蝶分布、它们的寄主植物是哪些、不同蝴蝶的生活习性等。少数种类的蛾类也有白天活动的，学会如何区分蝶与蛾。

观察点拨

想要到大自然中观察有趣的昆虫，衣着和观察装备都要有充分的准备才行。不可以只穿着拖鞋、短裤就跑到外面去，因为这样是很危险的！除了衣着之外，观察昆虫要用到的工具也要准备齐全才行，不然可能会遗漏很多与它们相遇的精彩瞬间。

除了空中飞舞的蝴蝶外，裸露的岩石上、花丛中、林下小溪边潮湿的地面等各处都可见到蝴蝶的身影；植物茎叶上还会发现蝴蝶的卵、幼虫和蛹。标本要采集身体各部分完整的个体，残损个体的比较研究价值会大大降低。

如果要采集幼虫回家饲养、观察，那么就需要了解、认识不同蝴蝶的寄主植物，解决食物问题，否则幼虫带回家也无法饲养、观察。

问题

在什么地方能找到更多数量的蝴蝶？在什么地方能发现种类更丰富的蝴蝶？

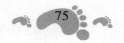

小龙门寻蝶记

　　我以前不太注意蝴蝶的，尤其是在城市里，很少见到它们在繁忙的车流或钢筋水泥的丛林里穿梭。一次去同学家玩儿，看到他收藏的许多蝴蝶标本。面对那么多眼花缭乱的蝴蝶，听同学如数家珍地一一报出名字，我不禁也产生了兴趣。于是，我借来很多关于蝴蝶和昆虫的书籍，学习了一些基础知识，并在同学和父母的帮助下自己动手制作了捕虫网和采集盒等工具。暑假里，我和父母到北京山区进行了一次观察昆虫和采集蝴蝶标本的活动，收获颇丰。

　　我在学习昆虫和蝴蝶基础知识的时候了解到，一个地区蝴蝶种类的多少与蝴蝶的寄主植物有密切的关系。如果寄主植物种类多，生长茂盛，那么这个地区蝴蝶的种类和数量就多。所以，要想一次外出能观察和采集到更多种类的蝴蝶，就要选择植物种类繁多并且生长茂盛的山区。同时，在山区因为海拔高度的变化而引起的植物分布的变化也导致了蝴蝶种类的变化。因此，我们把观察、采集的地点确定在小龙门国家森林公园。小龙门国家森林公园地处北京最高峰——东灵山，是天然的动、植物园，有动物700余种，其中哺乳动物40多种，鸟类150多种；植物844种，是各大院校及小学生动、植物学习的理想基地。

　　从市区出发，随着距离城市越来越远，路边的植物种类也越来越多。各种颜色鲜艳的野花竞相开放，花朵上不时能看到各色的蝴蝶在吸食花蜜。车行大约两小时，我们到达了小龙门国家森林公园。

　　刚一下车，我就看到一只黑色的大蝴蝶从身边飞过，翅膀上还有一些蓝色和翠绿色的闪光。它飞向院墙边的几棵树，然后就一直围着这几棵树飞来飞去。我一下兴奋起来，拿起捕虫网就要去抓，却被爸爸一把拉住。"你观察了吗？"爸爸一句话提醒了我，观察比采集更重要。这只没抓到还会遇到下一只，但是下一只的活动情况可能就跟现在这只完全不同了，那就错过了观察、记录它们生活习性的机会。第一次在野外看到这么漂亮的蝴蝶，我有点被兴奋冲昏了头脑。

　　既然发现了错误就要马上改正，于是我把捕虫网交给爸爸，让他帮我守着。如果我观察、拍照的时候它要逃跑，就请爸爸帮忙实行捕捉行动。我自己拿出背

包里面的相机，用长焦镜头充当望远镜来观察它，同时还可以拍照。这一看还真有发现，原来这是一只雌性的绿带翠凤蝶，它正在往这几棵树的嫩叶上产卵。它围着树梢飞行，选择一个嫩芽在上面产一粒卵，然后飞起来再选择另外的嫩芽，每次产一粒卵。这一发现又让我小小地兴奋了一下，这就意味着我可能会在这几棵树上找到绿带翠凤蝶的幼虫和蛹。

我来到树下，仰起头在茂密的枝叶中仔细搜寻，发现一些树叶有被啃食过的痕迹。在痕迹附近寻找，没有任何幼虫的身影。于是我扩大搜索范围，终于有所发现：阳光穿透树叶，颜色很鲜亮，但是有一片树叶上有一团黑糊糊的影子。把树叶勾下来，上面果然趴着一条胖胖的肉虫子。它有 3～4 厘米长，翠绿的身体两侧有几条白色的条纹和黑色细线，身体的前端比较宽大，两侧还各有一个黑色像眼睛一样的斑纹。猛的看起来还以为这斑纹是它的眼睛，有点吓人。仔细看，其实它的头缩在下面，看起来像是在睡觉一样。从采集盒里面拿出镊子，轻轻地碰了碰它。它一下子醒了，仰起头，从头后面翻出来一个 Y 形的橘色的肉肉的角，表面看起来有一层黏液，空气中马上弥漫开一种类似橘子皮的气味，其中还混有一点淡淡的臭味。这似乎是在告诉天敌"我不是那么好吃，还是放弃吧"。继续在树上寻找，又陆续发现了几条虫子。几条大的与发现的第一条一样，只是身体的颜色和花纹有的略浅，有的略深一点。有两条小的，长度也就 1 厘米左右，颜色完全不一样，是灰、白、黑混在一起，趴在树叶上远看像一小团鸟粪一样。它们是绿带翠凤蝶的低龄幼虫，长大一点后颜色就逐渐变成绿色的了。

根据资料介绍，绿带翠凤蝶会在树干上、树下的草丛中或者附近的岩石缝隙等地方化蛹。我找了半天也没发现一个蛹，大概是它们的颜色与周围环境比较相似，被我忽略掉了。不过我的运气还真好，爸爸无意中在这几棵树附近的一座房子的房檐下发现了两个个头挺大的蝴蝶蛹。它们尾部都有一个丝垫固定在房檐上，另外有一根细丝绕过背部，细丝的两头一起合在胸前，也固定在房檐上。根据蛹的姿态可以确定是凤蝶的蛹，旁边又没有其他凤蝶的寄主植物，所以估计应该是绿带翠凤蝶的蛹。于是借来梯子，小心地把它与房檐上固定的地方分离开，取下来后用柔软的餐巾纸包裹起来收在了小盒子中，准备带回家等着它们羽化。

询问林场的工作人员，他们说这几棵树是芸香科的黄檗。难怪绿带翠凤蝶会在上面产卵。在北方地区，绿带翠凤蝶最主要的寄主植物就是芸香科的黄檗和花

椒。我家院子里有一棵花椒树，也是绿带翠凤蝶的寄主植物。不过怕它们突然换了一种植物不能适应，所以在征得林场工作人员同意后，我们采摘了一些黄檗树的叶子，用塑料袋包好，准备带回家去用来养捉到的几条幼虫。

装好刚刚取得的收获，背上背包，出了林场大门右转，沿着公路徒步前行。路边的野花上可以看到很多种橘黄色底色上带有黑色斑点的蛱蝶。粗看它们都长得一个样子，但是仔细观察会发现它们翅膀上的黑色斑点的形状和分布是不一样的，尤其是翅膀反面的花纹有比较明显的区别。数量比较多的是捷豹蛱蝶、老豹蛱蝶、绿豹蛱蝶、银豹蛱蝶和福豹蛱蝶。

树林下会有一些深棕色的蛇眼蝶飞舞，它们的飞行姿态与平时见到的多数蝴蝶不太一样。它们在飞行的时候好像是在空中一跳一跳的，这也是多数蛇眼蝶特有的飞行姿态。

路边有一些因为以前修路的时候把大山炸掉了一部分而裸露出来的岩壁。在有阳光照射到的岩壁上，会发现一些蛱蝶停在上面，把自己的翅膀展开平铺在岩壁上晒太阳。它们是要将夜晚被露水打湿的翅膀晒干，因为潮湿的翅膀会比较重，飞行起来会比较吃力。翅膀晒干后它们就会开始一天的活动。这些喜欢晒太阳的蝴蝶很有意思，它们像一些大型动物一样有自己的领地意识。它们在晒太阳的时候，如果有同种类的蝴蝶飞来落在旁边，它们会飞起来把新来的赶走，然后准确地落在原来休息的位置上。同时，这些蝴蝶也比较敏感，在靠近捕捉的时候它们比较容易被惊起，飞起来也非常迅速，在飞行的时候不容易抓到。不过没关系，只要你的捕虫网还没有挥过去真正吓到它，它往往会飞一圈还回到原地。这时你可以继续慢慢地靠近，直到有把握一下把它扣住。

一边观察、捕捉各种各样的蝴蝶，一边沿公路前进。大约走了六七千米，公路右侧有一条小路可以上山，以前爸爸曾经沿着这条路走过，所以从这里带我上山。沿着小路一路攀登，穿过几片灌木丛和桦树林，视野突然变得开阔。在平缓的山坡上是一整片低矮的草地，再往上已经没有高大的灌木了，这里就是亚高山草甸了。

草坡上有几只白色的蝴蝶在轻柔地滑翔，远远看过去像是一片片飘浮在空中的羽毛。我们向着这几只蝴蝶走去。头顶上飘过一朵白云，慢慢将影子投射到那几只蝴蝶所在的位置，那几只蝴蝶突然像断了线的风筝一样掉落到草丛中。我们赶快跑过去看个究竟，原来是几只只有在高海拔的亚高山草甸上才有的红珠绢蝶。它们的翅膀是白色半透明的，上面有一些灰色透明的花纹和一些黑色、红色的斑点。在没有受到惊吓的时候，它们一般是沿着亚高山草甸的草坡飘飞。在多云的天气，如果云朵的影子投射到它们，它们就会突然停止飞行掉落在草丛中；等阳光照到它们，它们再重新飞起来。

时间已过正午，随着太阳的升高。气温也逐渐升高，蝴蝶都藏起来躲避一天中最炎热的时间，我们也决定下山返回。

回到家里，我把带回来的两个绿带翠凤蝶的蛹固定在一根干树枝上，放在窗前。几天后，并没有像我想象的一样羽化出来美丽的蝴蝶。一个从蛹上翅膀的位置出现一个很小的洞，从里面飞出来一群比芝麻还小的寄生蜂，另外一个居然飞出来一只大苍蝇。当然不是我们平时家里看到的家蝇，而是一种专门寄生鳞翅目昆虫幼虫和蛹的双翅目昆虫。有几只绿带翠凤蝶幼虫最后成功地化蛹并羽化出来两只成虫，另外几个也在幼虫期被寄生了。

图 2-4-2 雄玉带凤蝶

观察、记录

在温暖的季节，选择一个自然植被比较茂盛、种类比较丰富的地区进行一次观察，记录观察到的昆虫，尽可能多地拍一些照片，如果有条件还可以拍摄一些昆虫活动的有趣的片段。

除了拍摄一些蝴蝶成虫和幼虫的照片外，还可以拍摄一些发现、捕捉到这种蝴蝶的周围环境的照片以及寄主植物的照片，在某些研究中可能会用到。

我来解释

温暖湿润、植被茂密的地区常常能聚集比较多的蝴蝶，如森林、草地、湿地等。因为不同种类的蝴蝶有着不同的寄主植物，所以，植物种类越丰富，蝴蝶的种类就可能越多。

延伸活动

饲养、观察采集回来的蝴蝶幼虫，观察它们从幼虫逐渐发育化蛹、羽化的过程，观察幼虫在化蛹前活动和形态上的变化以及蛹羽化前的变化。

查阅关于寄生蜂和寄生蝇的资料，学习有害生物防治知识。

学习制作蝴蝶标本的知识和技能，将采集回来的蝴蝶制作成有一定价值的蝴蝶标本。

五单元 山林中的动物

图 2 - 5 - 1 松鼠

活动内容

寻找和观察山区常见的动物，包括鸟类、爬行动物、两栖动物、哺乳动物等。观察项目主要包括它们的形态特征、栖息环境及其生活习性。

活动准备

参阅相关资料及网站，了解本地山区常见野生动物的形态特征、栖息环境及其生活习性。

观察点拨

选择人类活动对自然植被破坏相对少的山区。林木繁茂，有小溪、泉水或水塘的地区更好。

山林中的野生动物更善于隐藏。

问题

为什么有水的地方野生动物多？

山林中的野生动物是用哪些方式来保护自己的？

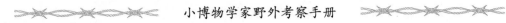

松山两日

初夏时节，我和爸爸、妈妈去松山度周末。

松山是北京第一个国家级自然保护区。一进入保护区，我就陶醉在了浓浓的绿色中。沿着林间小路缓缓前行，总能听到淙淙的山泉声。林下遍地是高及腰际的草，各式野花绽放着笑颜，有红的、蓝的，甚至是绿色的花，不过最多的还是白色的花。

抬头看，两侧壁立的岩石也都被茂密的树丛遮蔽着。小鸟放肆地叫着，好像在说："你看不见我！"

我拿起望远镜，朝着声音传出来的方向搜寻，一无所获。忽然听到妈妈低声叫我："快过来！"顺着妈妈的手指，我看到一条毛茸茸的大尾巴，是小松鼠！只见它隔着密密的树叶间隙看了我一眼，就迅速地在树枝之间跳跃着，转眼就没影了。

草丛中有一个蓝色的东西一闪而过。我追上去，原来是一只小蜥蜴，那闪亮的蓝色是它的尾巴。

到了半山，山谷变宽阔了，一只黑色的鸟在谷中翱翔。"那是鹰吗？"我不肯定地问。爸爸说："看起来像是乌鸦。"可是我觉得和我们常见的乌鸦有些不同，用望远镜追踪着它看也没看出什么名堂来。爸爸用长焦距拍了两张照片，回家放在电脑中放大了看，才明白它不是普通的乌鸦，而是比普通乌鸦漂亮得多的红嘴山鸦。

高高的山崖上有几个小小的天然洞穴。

"那里面会不会住着什么动物？"我问道。

"也许有蝙蝠，或许是燕子，只有看了才知道。"爸爸回答。

不过山崖太陡峻了，爬不上去，只得作罢。

这一夜，我们住在了山庄。半夜里，我似乎听到了野兽低沉的吼声。山庄老板说，这里确实有不少野兽，獾、貉、野猫、黄鼠狼都时常能见到，还有人见过金钱豹和野猪等猛兽，不过那都是在更远一些的深山里。

天刚蒙蒙亮，我被一串清脆的声音唤醒。掀开窗帘的一角，我看到院子里的小树上站着一只漂亮的小鸟。你看它那橙色的肚皮就像一件华美的内衣，黑色的后背则好像庄重的外衣，还有那头顶大片的银灰色和翅膀尖上的白斑就好像戴了一顶帽子和一副手套，更让它显得气派十足。它就是北红尾鸲！我今天算是亲耳聆听到了它美妙的歌声。

我没了睡意，穿衣出门。北红尾鸲听到动静，展翅飞走了。

我漫步出了山庄，一阵奇怪的声音引起了我的注意。我循着声音走去，只见高高的电线上有一只黑色的鸟，声音就是从那里发出来的。用望远镜对准它观察，只见它的尾巴形态非常奇特，分成两叉，外侧直，而内侧弯成弧形，原来是黑卷尾。

沿着小路向山上走，树丛中传来一阵鸟鸣，时而高亢悠长，时而短促细碎。我拿起望远镜在树丛间仔细搜索，哇！终于被我找到了，两只麻雀大小的小鸟，但比麻雀漂亮得多。它们背部为栗色，带有黑色纵条纹，头部呈灰色，有三条栗色条纹，中间那条正好沿着眼睛延伸，原来是戈氏岩鹀。

半山中有一个小水塘，远远地，我就觉得水塘边似乎有什么东西。近前一看，原来是一些约两厘米长的小蛙，它们似乎刚从蝌蚪变化而成，还不太会跳。再看水里，更证实了我的推断。清澈的水中不仅有不少小蛙，还有很多蝌蚪，有的已经长出了腿。根据它们腿上明显的黑色横纹，我想它们可能就是中国林蛙了。

一只鸟在对岸大摇大摆地溜达。我用望远镜对准它，就见它正背对着我摇尾巴，似乎在向我炫耀着尾巴上那两根雪白的羽毛。我想起了《中国鸟类野外手册》中描述的"具明显的不停弹尾动作"的红尾水鸲，看颜色这是一只雌鸟。

一只大鸟在空中盘旋。由其翱翔的姿态判断，这只应该属于猛禽了。

图 2-5-2 蝌蚪

观察、记录

在山林寻找并观察野生动物，用文字或录音、摄影、摄像记录观察到的动物。

如果有观察地比较详细的地图，可在图上编号标注每一个发现野生动物的观测点。

提示

在山区拍摄野生动物难度更大，因为它们的生存环境更适于隐藏，而且它们又非常警觉，很难接近。拍摄野生动物的专业摄影师是要蹲守的，我们不可能也不必要花费那么多时间精力，但是要随时做好准备，在野外观察活动中才能抓住机会，拍摄到比较好的野生动物照片。

要拍摄到比较好的野生动物照片，必须有长焦距镜头。拍摄小型的爬行动物和两栖动物，微距镜头也很有帮助。

成功观察到野生动物的关键是隐蔽好自己，最主要的是声音，录音和摄像也要尽量减少发出的声音。

我来解释

有水的地方野生动物多

水是野生动物维持生存所必需的物质。动物生存都需要饮水，水生动物、两栖动物的存活则更是离不开水。因此，有水的地方不仅动物数量多，种类也更丰富。

山林中的野生动物自我保护的主要方式

1. 选择良好的栖息地

植被茂密的地方不仅有丰富的食物，还更易于隐藏。

一些善于飞翔的动物常居住在难以攀援的悬崖峭壁上，以躲避天敌的侵害。

2. 利用天然的保护色

让自己身体的颜色与栖息环境尽可能接近。一些动物还能在不同季节换毛，使身体颜色适应季节变化。

3. 快速反应和逃离

一些动物之所以胆大，是因为它们有充分的自信，靠自己敏捷的身手可以很快地逃离险境。

4. 伪装和武器

一些动物善于伪装，还有的动物具有特别的防身武器。如刺猬在遇到危险时，并不是首先逃离，而是把它那一身尖利的刺朝外蜷缩成一团，一般天敌无从下口，只得撤兵。

我国北方常见的野生动物

北方山区常见的鸟类有鸠鸽类、啄木鸟、乌鸦、喜鹊、鹩、杜鹃、伯劳、鹀、山雀、柳莺、百灵、云雀、雨燕、夜鹰、大鸨、沙鸡、石鸡、长尾雉、环颈雉等，猛禽主要有雀鹰、鹞、鸢、隼、长耳鸮等，在有水域的地区，夏季还可见到鹭、鹳、翠鸟等湿地鸟类和鸬鹚、野鸭等水禽；爬行动物主要有蝮蛇、虎斑游蛇、棕黑锦蛇、红点锦蛇、赤链蛇以及多种蜥蜴；两栖动物有黑斑蛙、中国林蛙、金线蛙、蟾蜍等；哺乳动物常见的有松鼠、刺猬、野兔、仓鼠、蝙蝠等，偶尔能见到黄鼬、貉、獾、貂等小型食肉动物，大型食草动物斑羚、黄羊、狍以及食肉动物金钱豹、豹猫、狼、狐狸、野猪等数量已经非常稀少，难得一见。

延伸活动

在北京西山，有一些经常登山的老人，他们和一些常见的野生动物建立了良好关系，可以去听他们讲讲亲身经历的故事。

六单元　海滨动物

活动内容

图 2 - 6 - 1　礁石上的藤壶

在海滨滩涂地区观察生活在海滩及浅海的动物。

活动准备

查阅相关资料，了解观察地的退潮时间，以及当地主要的动物种类，还可以先到相关的展览馆、博物馆、海洋公园参观一下。

观察点拨

退大潮的时候，是观察海滨滩涂动物的最佳时机。

问题

生活在浅海滩涂的动物有哪些种类？它们又有哪些重要的特征和生活习性？

海滨印象

那一年夏天，我和爸爸、妈妈到乐亭海滨度假村旅游，看到了大片的盐田、养虾池，不过给我印象最深的还是退潮时的赶海和随渔船出海捕鱼。

乐亭海滨有几座小岛，其中最大的是石臼坨岛。它是一个距离陆地很近的岛。涨潮时，海水将它与陆地隔开；落潮时，它与陆地之间只是一片浅浅的泥滩，人们挽起裤脚就可以涉水走到岛上。岛上有淡水，建有度假村。

这里的海滩和山海关、北戴河不同，不是沙滩，而是泥滩。岛四周的泥滩宽的地方有上百米。落潮了，我来到海边。海滩的颜色发黑，我似乎看到上面有许多小东西在运动。脱掉鞋，小心地走进泥滩，什么都见不到了。难道是我刚才眼花？仔细看，只见泥滩上有许多比小手指还细一些的洞。我屏住呼吸，蹲在那里守候。一会儿，洞里探出两只小钳子，原来是螃蟹。它们只比大拇指的指甲盖大一点点，颜色和泥滩毫无二致。如果它们在泥滩上不动，在远处很难分辨出来。

在北戴河赶海，沙滩上能捡到各种美丽的小贝壳。幸运的话，可以捡到圆圆的且带许多小刺的海胆。在山海关城墙下，我看到有许多紧紧附着在礁石上的藤壶和小海螺，还有人在礁石的缝隙里捡到过小鱿鱼或海参呢！不过在这里的泥滩上，捡不到贝壳，除了那些小得难以塞牙缝的螃蟹以外，似乎没有其它动物。

海水退下去了，但泥滩上还留有几道浅水沟。我向着一道水沟走，竟然有了惊喜的发现，水沟里有许多大约两寸长的虾。也许它们误以为这里是大河呢，所以没跟着退潮的海水回到海里，就只能成为我们的盘中餐了。

第一次乘机动渔船出海捕鱼，我很兴奋。小船向着更远的海中行进，后面拖着一只渔网。远处似乎有一片沙滩，船老大告诉我，那只是一个沙岛，涨潮时会被海水淹没，落潮时才露出成岛。渔民常常在那里晾晒鱼网，因此被称为打网岗岛。水很浅，渔船不能靠近岛。

渔船在海上转了半天，我们拉起网，网上的收获不多，一些皮皮虾，几只梭子蟹，两只大个的章鱼。船老大告诉我们，我们吃的大部分海产品都是人工养殖的，渔船只是为旅游的人在海上观光而准备的。

我参观了对虾养殖场，那是在滩涂上挖深一些，再建起围堰形成的养殖塘，引进海水，放养对虾苗进行养殖。这种养虾池不仅岛上有，大陆岸边也有很多。

渔港里人们正在采收牡蛎。牡蛎需要依附在海底礁石上，为了给牡蛎创造适宜的生存条件，人们在没有礁石的海滨浅海中投放一些石条、石桩，牡蛎就会逐渐在上面生长。当牡蛎长大后，人们打捞起石条，敲碎牡蛎壳，取出牡蛎肉，再把石条投入海中。这样，新出生的小牡蛎就会继续在那里生长。

在大连、青岛等地的礁石海岸，海湾地区的海水往往比较深。在那里，我们常常可以看到海中漂浮着一串串巨大的球，那就是养殖海带的养殖架。海带需要固着在接近海面的物体上，使它保持在海水表层，以得到充足的光照，才能快速生长。海上那一串串漂浮的球，就是帮助海带漂在海水表层的。

图 2 - 6 - 2　海胆

观察、记录

到不同类型的海滨潮间带去，寻找并观察退潮时海滩上、礁石上及礁石的缝隙中有什么动物，它们在做什么。

记录你观察到的动物的形态、栖息方式，如果有条件可以把它们的生存状况拍摄下来。

我来解释

生活在浅海滩涂的动物主要包括软体动物门中的瓣鳃纲、腹足纲、头足纲，节肢动物门中的甲壳纲，以及棘皮动物中的海星纲、海参纲、海胆纲等。它们有的是牢固地附着在礁石上，属于固着动物，如瓣鳃纲中的牡蛎、贻贝、扇贝等，以及甲壳纲中的藤壶；有的生活在浅海的泥沙中或礁岩等处，属于底栖动物，常见的有瓣鳃纲中的泥蚶、毛蚶、蛤蜊、青蛤、竹蛏，腹足纲中的泥螺，头足纲中的章鱼、墨鱼、乌贼，甲壳纲中的各种虾，以及海参、海胆等，蟹则喜欢栖息在潮间带的泥沙中，在人烟稀少的海滨，常常可以见到它们在海滩上漫步。

奇怪的螃蟹

招潮蟹

在海岸的潮间带中，我们有时能见到一种奇怪的小螃蟹。与常见的螃蟹不同的是，它好像只长了一只钳子（螯）。其实，仔细看了，你就会知道，它也有两只钳子，只是有一只太小了。所以，当它扬着它的那只大钳子招摇而过时，你很难发现它的那只小钳子。它就是招潮蟹。

其实，招潮蟹只是雄蟹才有一只大螯，雌蟹则两只螯都是很小的。每当要涨潮的时候，雄蟹都会扬着它的那只大螯在海滩上走动，就好像是在向海潮招手，所以，人们称它为"招潮蟹"。

寄居蟹

海滩上更奇怪的是背着螺壳的小动物，它就是寄居蟹，也叫寄居虾。为了避免成为海洋凶猛动物的口中餐，大部分虾蟹都有着比较坚硬的甲壳。但是寄居蟹没有完整的硬壳，为了保护自己，寄居蟹想出了好办法——在大海中为自己寻找一间藏身用的小"房子"。寄居蟹的"房子"一般是海螺壳。

当它找到一个合适的海螺壳时，就会把自己柔软的后半身装进螺壳，只剩下有硬壳的前半部分，在海里爬行、觅食。随着身体的不断长大，螺壳慢慢显得小了。不要紧，再找一个大一点的换上，就像我们做一件大一点的衣服穿那么容易。

第三章

感受天气与气象

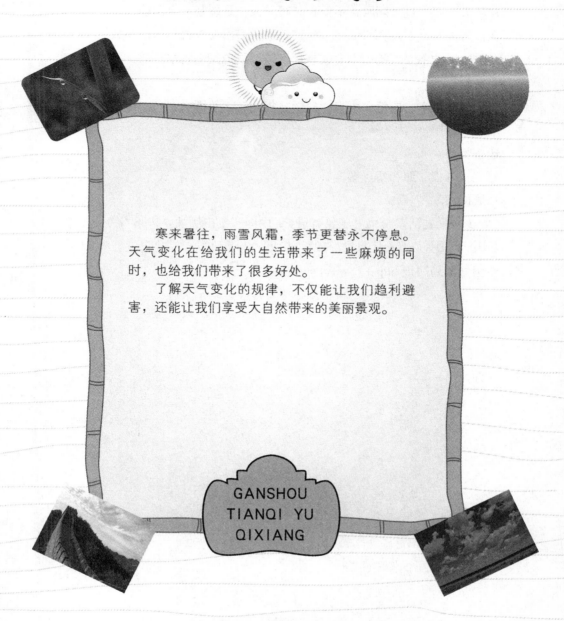

寒来暑往，雨雪风霜，季节更替永不停息。天气变化在给我们的生活带来了一些麻烦的同时，也给我们带来了很多好处。

了解天气变化的规律，不仅能让我们趋利避害，还能让我们享受大自然带来的美丽景观。

GANSHOU
TIANQI YU
QIXIANG

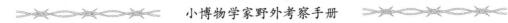

本章特别提示

安全提示

要在成年人陪同下外出观察。

看天不走路，走路不看天。要小心脚下的坑坎，避免摔跤。

在晴天，阳光过于刺眼，不要长时间看天，最好戴上太阳镜。

在雷雨天气，不要在树下、金属建筑附近避雨，以避免雷击事故。

在水边活动不要打闹，不要太靠近水边，以免发生溺水事故。

必备物品

钢笔、笔记本、铅笔、画夹、白纸、指北针、地图、卷尺、雨伞（下雨可遮雨，晴天可遮阳）、太阳镜。

选备物品

彩笔、画板、照相机、湿度计。

拓展阅读

《青少年科技活动全书·气象分册》（中国青年出版社，1988年版）

《中国云图》（中央气象局，1972年版）

中国气象局网址 http：//www.cma.gov.cn

图 3 - 1 - 1　卷积云

一单元　形形色色的云

活动内容

观察云的形态变化及运动状态。

观察云的形态变化及运动状态，是探索云形成和变化原因的必需途径。同时，云又与各种天气现象密切相关，观察云，可以让我们预测天气的变化。云还是大自然中美丽的风景。

活动准备

可先看光盘（网站）中有关云的照片及介绍，了解云的形态、分类方面的知识。

观察点拨

观察云的形态特征

云的形态特征主要包括：云的大小、形状（用你能想到的物体的形状来形容）、结构（成团、层状、丝毛状、带钩状等）、水平范围和垂直高度的比例、外形轮廓是清晰还是模糊的、颜色、明暗程度、云底的高度等。

观察云的动态特征

云是在不断运动和变化的。

云的运动与空气的运动密切相关。空气有水平运动和垂直运动。

空气的水平运动是云飘移的动力。观察云的运动方向和速度，可以预测天气未来的变化。面积大、比较厚而不透光的云移动到我们的头顶，就会导致阴天。

在太阳升起之后，随着气温的升高，云会变淡，雾会消散。云也可以随着空气的垂直运动或傍晚气温的降低而生成、发展，逐渐变浓厚。浓厚的云越黑暗，其中含有的水汽一般越多，带来降水的可能性越大。特别是在炎热夏季的午后，它们的生成发展更迅速，常带来雷阵雨。

在不同的地点，我们会看到不同的云；在同一个季节，常常看到类似的云，如我国北方的夏季，常见的是积雨云，秋季则天高云淡；一天里的不同时间（早晨、中午、傍晚），我们也可能会看到大不一样的云。

要想观察到不同类型的云，不是一次活动就可以做到的，要随时留心。外出时，注意在不同的季节、不同的时间、不同的地域开展观察，进行记录、拍照。

问题

根据你的观察，你认为云是怎样形成的？

云为什么会有不同的颜色？

细心观察后，你感受到云如诗似画般的美妙了吗？

跟我来

户外观云

现在，让我们一起到户外去看云吧！

来到户外，我们就可以看到头顶的一片天。天空常常会有各种各样、变化多端的云。当蓝蓝的天空有云的时候，你会发现，人们会有不同反应。

邻居的阿姨刚刚洗了被单晾在了院子里，天边开始出现乌云……

你和爸爸、妈妈在爬山，阳光灿烂，山路上却没有大树可以乘凉。这时，远处飘来一片白云……

也许是在傍晚，一家人在户外散步。夕阳西下，这时的云会给我们无穷的遐想……

在操场上，我们头顶的天空呈现着淡蓝色。一朵白云从远方飘来，又被风吹得变了形，渐渐散了……

如果，我们生活在高楼林立的城镇，要看到更广阔的天空、更多的云，我们就要走得更远一些，或者站得更高一些。

在宽阔的广场上，我看到了更遥远的天边的云。它们有的是长条形的，有的是连成片的，还有的云下面是平坦的，而上面却隆起一个个像城堡一样的东西……

在郊外的旷野看天，天空的颜色更深，白云显得更突出、更漂亮。远山的山腰间，一条细细的云带缓缓缠绕，就像一条雅致的轻纱，把青山装扮得更显迷人……

现在，我们看到了一座小山，凭高远眺，天高云淡，百鸟竞翔……

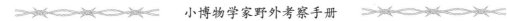

观察、记录

我的发现

描述一下你看到的云，它的形态像什么？它是什么颜色的？猜一猜它覆盖了多少面积？它的厚度有多少米？你知道它们位于多高的地方吗？

试着用画笔把你看到的云画出来，或者用照相机把它们拍下来。

提示

如果使用可以手动调整曝光量的照相机，在拍摄云时要注意两点。

第一，大部分云是很亮的，在拍摄云时，在自动测光的基础上减少 1～2 挡曝光，你将能拍摄到更有层次的云。

第二，云一般距离我们比较远，拍摄云焦距要调整到无穷远（∞）。

如果使用带有 AE 锁的全自动照相机，可以试着将镜头中心对准云，锁定焦距再取景拍照。没有 AE 锁的全自动照相机，要拍摄好带有地面景物的云可能比较困难。

我来解释

云的形成

根据观察，我认为云是大量水汽聚集凝结成水滴或冰晶形成的。在夏季气温高的条件下，地面水源充足的上空，云会迅速生成。

云为什么会有不同的颜色？

根据观察，我认为，白色的云的主要成分是水汽，灰色的云是由水汽和水滴组成的，发黑的云里可能会有更多的水滴，白亮刺眼的云的主要成分则是冰晶。

在清晨和傍晚，低空的云被落日点染得五色斑斓，绚丽多彩，那是因为云折射太阳光中波长比较长的部分而形成的。

测量云的高度

在一些比较高峻的峰顶，有时云比山还低，会令我们有腾云驾雾的体验。那么，当知道了山的高度，就可以估算出云的高度了。

小块且高度比较低的云比较容易测量。当我们站在比较高的地方，如山坡、楼顶、塔顶等处时，也许就可以看到云投射到地面上的影子。根据太阳高度角和云影的位置，就可以计算出云的高度。

云的分类

云是按照其底部高度（h）分为低云、中云和高云三类。

低云　　h < 2500m

低云根据形态分为六类：积云、积雨云、层积云、层云、雨层云和碎雨云。

积云

水平尺寸较小。有淡积云、碎积云和浓积云三种。

积雨云

云浓厚庞大，就像高耸的山峰。顶部已冻成冰晶，所以呈现白色，底部则含有大量水滴、冰晶、雪花，还可能有冰雹等。一般生成于湿热的季节，发展变化非常迅速，形成阵雨、雷阵雨，甚至龙卷风和冰雹。

层积云

水平尺寸较大，多为灰白色或灰色。有透光层积云、蔽光层积云、积云性层积云和堡状层积云四种。

堡状层积云：从远处看其云顶，就像城堡一样，可发展为积雨云。

层云

云体均匀成层，灰色，很像雾，云底很低，但不接触地面。如果出现在清晨，可随日出消散，也可能产生毛毛雨。

雨层云

云体低而均匀成层，暗灰色，水平分布广，常布满全天，厚度一般为4000 ~ 5000米，能产生长时间连续降水。

碎雨云

常出现在雨层云、积雨云下。

中云　　h：2500 ~ 5000m

中云根据形态分为两类：高层云和高积云。

高层云

透光高层云：隔着云层可见模糊的日、月轮廓。

蔽光高层云：隔着云层看不见日、月轮廓。

高层云常伴有持续性降水。

高积云

小块的高积云，如荚状高积云、积云性高积云等预示着晴天；厚而范围大的高积云，如絮状高积云、堡状高积云等可产生降水。

高云　h > 5000m

高云根据形态分为三类：卷云、卷层云、卷积云。

高云全部由细小的冰晶组成，大多透明，有丝毛状结构。

延伸活动

亲身体验：云与天气变化

云与天气变化有着密切的关系，不同形态和颜色的云可能预示着截然相反的天气。

在夏季闷热的下午或者雨过日出时，观察云，你看到云的快速变化了吗？试着描述一下云的生成过程。

采访

自古以来，靠天吃饭的农民就掌握了看云识天气的方法，有关云与天气的农谚很多。采访有经验的老农，了解气象谚语中有关云与天气变化的关系方面的内容。

参阅中国气象局网站气象科普栏目中的"气象谚语"专栏。

二单元 漫步雨中

图 3－2－1 缀满雨水的蜘蛛网

活 动 内 容

观察降雨过程，了解雨降落到地面不同物体上的状态，探索降雨和云的密切联系，了解降雨与地表水、地下水的关系。

观 察 点 拨

最好从降雨一开始就进行观察，看一看在降雨的不同阶段，观察到的情景是否会有明显的差异。

观察雨点落在树叶、小草、盛开的花朵、干燥的地面、屋顶、池塘，以及其他各种物体上的情况，还可以伸出手臂，让雨点打在手臂上，亲身感受雨点下落的力量。

> **安全须知**
>
> 体弱者不要淋雨，特别是头部要保护好。淋雨后要尽快洗一个热水澡，以预防伤风感冒。

你能否感受到雨点的大小和它降落的速度快慢？

雨点落在各种物体上，发出了什么样的声音？物体的颜色和形态发生变化了吗？雨点落下来之后，是留在了原地，还是在继续运动，它们又是怎样继续运动的？

雨点的大小、密度、降落的速度、降雨时间的长短都决定了雨量的大小。

根据降雨的声音、树木在降雨中的动态特征、雨水在地面上的动态变化等，可以估计降雨量的大小。

问 题

雨从哪儿来，又到哪儿去了呢？

我们可以根据降雨过程中的哪些特征来估计雨量的大小？

降雨给我们的生活带来了哪些好处？又给我们带来了哪些烦恼？

雨中的体验

这是一个初夏的下午，我和爸爸、妈妈去爷爷家。

爷爷家在郊区，房前是一个小菜园。爷爷带我在菜园里参观了一圈，里面种着萝卜、白菜、茄子、西红柿、豆角、南瓜等许多蔬菜。屋后有一条小河，河水静静地流淌着。好一幅田园美景！

突然间，乌云滚滚，豆大的雨点骤然而至。转瞬间，暴雨倾盆。

最初的雨点落在干渴的土地上，发出吱吱的声音；雨点敲打着院子里的汽车，发出清脆的乒乓声；雨水打在院子里的小树上，小树摇头晃脑，发出刷啦刷啦的声响；雨水落在屋顶上，会聚到瓦沟中，顺着屋檐一缕一缕地往下流，在土地上冲出了一道道浅浅的沟，这一道道浅沟在门前汇成了更大的水流……

大雨过后，我看到院子里的一只小瓦盆里积满了水。走到菜园边，我发现菜园里的南瓜花和红薯花上布满了密密的水珠，茄子和西红柿上也都挂着晶莹的水珠，白菜显得更加鲜嫩可爱了。不过进菜园可就不那么惬意了，一个不小心踩在泥里，软软地就陷了进去。再看屋后的小河，已经没有了刚才的宁静，河水在快速地向前奔涌着，水涨得满满的，似乎就要溢出河岸了。

图 3－2－2　霏霏细雨

观察、记录

描述一下你在雨中的感受。

下雨了，雨点打在树叶上，发出刷刷的声音，树叶轻轻点着头……

雨点敲打着屋顶，叮咚叮咚奏出了美妙的旋律……

雨点落在地上，跳起一个个小水花……

雨点落在池塘中，荡起一圈圈的涟漪……

试着用 MP3 把降雨过程中的各种声音记录下来。

寻找雨中有趣的现象，用照相机把它们拍下来。

提示

录音时要保持安静，尽量减少与雨无关的声音干扰录音。

在雨中拍照要注意防止雨水淋湿照相机，特别是不要让雨水打湿照相机的镜头。两个人合作是最好的选择。

如果照相机的快门速度可以手动调节，适当降低快门速度，可拍摄到滑落的雨丝。

我来解释

根据我的观察，一般情况下，雨滴越大，降落的速度越快，敲击在物体上的声音就越响；雨滴越大，雨点越密集，降水时间越长，降水量越大。

雨滴降落在干燥而疏松的土地上，可以很快渗入地下；雨滴降落在坚实的土地或石板、水泥地上，则会快速汇集成小溪流。

延伸活动

小测试：空气的湿度与降雨

器材：湿度计。

测试方法

在不同的有云天气，将湿度计置放在室外空气流通而阳光照射不到的地方10 分钟，记录下湿度计的读数。如果之后不久开始降雨，记录下降雨的情况，包括降雨开始和结束的时间，雨滴的大小、密度，是否有雷电等。

科学课堂

空气湿度与降雨的关系

当空气的相对湿度不到100％时，一般不会降雨；当相对湿度达到100％时，降水的可能性很大。

根据我的测试，我发现，当云量超过80％，云的高度比较低、颜色比较暗时，空气的相对湿度往往会达到100％，而且不久之后就会有持续性的降雨。

雨的分级

毛毛雨：每小时降水量0.05～0.25mm，雨滴直径＜0.2mm。

小雨：每小时降水量＜2.5mm，或24小时降水量＜10mm，雨滴直径0.3～2mm。

中雨：每小时降水量2.6～8mm，或24小时降水量10.1～24.9mm，雨滴直径0.5～4mm。

大雨：每小时降水量8.1～15.9mm，或24小时降水量25～49.9mm，雨滴直径3～7mm。

暴雨：每小时降水量＞16mm，或24小时降水量＞50mm，雨滴直径3～7mm。

有记录的最大降水强度达到每小时200mm以上，我国河南1975年8月特大暴雨时曾出现过24小时1000mm以上的降水记录。

图 3 - 3 - 1 霓虹

三单元　虹与霓

活动内容

观察虹和霓的形态、结构，以及它们出现的时间和位置，思考它们形成的原因。

活动准备

查找有关光的折射方面的内容，了解太阳光的组成。

观察点拨

当发现彩虹的时候，注意观察太阳和彩虹的相对位置、彩虹色彩的排列规律、彩虹的大小。

问题

彩虹的出现有什么规律？

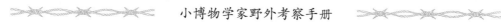

跟我来

雨后

暑假，我到郊外的舅舅家小住了几天。

那是一个闷热难耐的下午，我和表哥正在村边的小树林里捉蚂蚱，天突然黑了下来，表哥拉着我就往家跑。还没等我们跑到家门口，就见电闪雷鸣，豆大的雨点噼噼啪啪地落了下来。表哥一口气拉着我跑到了家，可两个人都已经被淋透了。

我呼哧带喘地埋怨表哥："怎么不在路上避一避雨？这么急着往家跑，还不是浑身都淋透了。"

"你没见电闪雷鸣的，路上没有安全的避雨地儿，还是赶快回家的好。你要是出了什么事，我可怎么向姑姑交代。"

雨真是来得快，停得也快，说话间，雨已经停了。我们又跑出去玩。

雨后的空气湿漉漉的，太阳已经没那么高了，西边的天空出现了大片的火烧云，映红了大半边天，就连东边的天空都被点染成了橙红色。我继续观察，只见东北部天空现出一道彩虹。它的下部比较明亮，而且接近垂直于地面，上部稍稍向东弯曲，并逐渐变暗消失。彩虹的颜色从左至右是由红向橙黄逐渐过渡，但是看不到更多的色彩。

我向东然后又向南仔细搜索，寻找那一半彩虹。终于让我找到了，它竟然在西南方，和这一半相差约为150度，大概得用一个鱼眼镜头才能把它拍在同一张照片上了。

观察、记录

观察彩虹，记录它出现的时间、方位、当时太阳的方位和高度、彩虹的形态和颜色等特征。

用指北针估测一下彩虹的直径。如果有湿度计，还可测一测彩虹出现时的大气湿度。

将你看到的彩虹拍摄下来。

我来解释

根据光在穿过不同介质时会发生折射的原理，太阳光在通过大气中的水滴时会有折射——反射——折射的过程。由于太阳光是由七色可见光组成，不同波长的光在同一介质中的折射角不同，波长短的紫光折射角大，波长长的红光折射角小，这就使从水滴反射出来的不同颜色的光投向了不同方向。当大气中有大量大小相近的水滴时，这种反射光相对集中，就形成了可见的彩虹。

从观察得出，彩虹一般出现在夏季雨后初晴时，空气相对湿度在90%以上，太阳高度大多比较低。从彩虹出现的方位看，它一般位于与太阳相对的方向，彩虹的中心与太阳正好相差180度。

彩虹也可能在雨未停时出现。"东边日出西边雨"，如果下雨的同时有阳光，而且太阳光的角度合适，我们就可能看到雨幕上的彩虹。

> ### 提示
>
> 彩虹是可遇而不可求的自然现象，一般出现在雨后空气湿度比较大的时候。
>
> 要观察彩虹，就要做一个有心人，随时做好准备进行观察、记录和拍照。
>
> 彩虹的半径通常很大，即使用广角镜头拍摄，一次也只能拍摄到它的一部分。
>
> 彩虹的亮度一般与天空背景相差不大，选择适当的曝光量才能拍摄到更清晰的彩虹。主要是要考虑彩虹的亮度，可以采用包围曝光的方法多拍几张。

延伸活动

寻找或制造人工彩虹

虽然自然形成的彩虹可遇而不可求，但阳光的折射呈现七色光的情景却随处可见。

在家里的鱼缸边，我们可能找到七色光；在庭院的喷水池边，也能找到七色

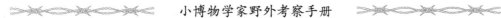
光；还可以利用棱镜创造出七色光。

现在，就让我们试着制造出一个彩虹来吧。

科学课堂

霓

霓与虹是一对姐妹，它只能伴随虹而出现。它的形成条件是光照强而水滴较小。阳光在水滴中经过折射——反射——反射——折射的过程就形成了霓。

霓的圆弧比虹大，亮度比虹暗得多，色系与虹相反，外面为紫色，里面为红色。

霓比较罕见，图3-3-1为拍摄于西藏日喀则的霓与虹，左为霓，右为虹。

晕

晕也是一种大气现象，有日晕和月晕，是环绕日、月的彩色光环以及通过日、月的白色光带。

晕和霓、虹形成的原因类似，只是晕不是由云层中的水滴，而是由冰晶折射——反射日光或月光形成的。

晕的视半径比虹小得多，一般为22度和46度。

晕的出现与天气变化关系密切，所以也有一些有关晕的天气谚语，如"日晕三更雨，月晕午时风"。

四单元 雾

活动内容

观察雾的颜色、浓度以及其随高度的变化，探索其发生、发展的规律。

图 3 - 4 - 1 浅雾

活动准备

做参照物分布图

寻找当地的大比例尺地图（最好大于 1 : 100000），选择视野开阔的制高点，如小山峰、楼顶、高塔等建筑物作为观测点。

在白纸上做若干个同心圆，由内向外与中心的距离分别为 2、4、8、20、40 和 80mm。

选择参照物。

参照物应该是深颜色、反光弱、在背景衬托下轮廓清晰的地面固定物体，最好视角为 0.5～5 度之间。近处的参照物可以选电线杆、灯杆、孤立树木等，远处参照物可以选大型建筑物、山峰等。

将选定的参照物用卷尺测量出其与观测点的直线距离，或在地图上量出两者之间的直线距离，再按比例尺算出实际距离。

使用地图比例尺计算实际距离的方法：实际距离 = 图上距离 ÷ 比例尺。

用指北针测量参照物的方位。

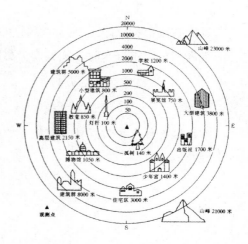

图 3 - 4 - 2 能见度观察参照标志物图

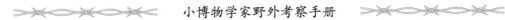
将参照物用简图的形式标注在绘好同心圆纸的相应位置上。

将每个参照物的实际距离数标在简图的旁边。

观察点拨

雾是经常发生的大气现象，只是当没有开阔的视野时，我们只能感觉到大雾，而感觉不到轻雾。因此，观察雾要找一个视野比较开阔的制高点。

大气的水平能见度是衡量雾的等级的主要标志。

确定大气水平能见度的方法：视力正常的人从天空背景中辨认参照物的最大水平距离为水平能见度（单位：米或千米）。

按四周参照物的清晰程度确定水平能见距离，以参照物轮廓清晰可辨为"能见"。

如四周能见距离不等，以一半以上参照物"能见"的距离为"能见度"。

在没有适当距离的参照物时，可用近距离参照物细部特征的清晰程度来确定"能见度"。

房屋等建筑物的门窗、树木的枝叶清晰可辨时，能见度为参照物距离的5倍以上。

参照物细部特征隐约可辨时，能见度为参照物距离的2.5～5倍。

细部特征很难分辨时，能见度为参照物距离的2.5倍以内。

问题

本地区在什么季节、什么时间、哪些地点能见到雾？雾的出现和发展变化有什么规律？

跟我来

万春亭上看北京

北京市中心有一座小山——景山，山顶有一座四方亭——万春亭。由于万春亭位于市区中心的制高点，视野开阔，所以，这里不仅是俯瞰北京城的最佳位置，还是我们观测雾的理想场所。

我的家离景山很近，一有空，我就会登上山顶，在万春亭周围观景。天气好的时候，这里可以一览北京四周的新老建筑和西山，最好的情况下甚至可以看到北边的山脉。早晨，在山顶上可以比在山下早十多分钟看到日出；傍晚，从这里可以看到太阳落下西山。

有的时候，在山下并不觉得天气不好，可是一登上山顶，就会感觉到雾蒙蒙的，不用说北山，就是西山也没了踪影，甚至城市的建筑都显得少了很多。雾大的时候，就连毗邻的北海水面都看不到了。

利用一张北京地图，我绘制了万春亭周边参照物图，由此可以准确测定城区的大气能见度。

图①、图②、图③分别为晴天、轻雾和大雾时从北京景山万春亭上看到的景象。

图 3-4-3　不同能见度的比较

观察、记录

选择一个制高点，自己进行实际观测。

记录观测的时间、地点，以及观测到的雾的情况。

把你观测到的情景拍摄下来。

提示

拍摄不同的雾，要选择适当的标志物作为背景，以便准确地反映雾的实际状况。

我来解释

本地区不同季节雾的特点及成因

北京城区的夏、秋季节，雾常常是乳白色的；冬季的雾大多发灰；到了春季，雾就可能呈发黄的颜色。

雾的以上特点的成因是：夏、秋季节空气湿度比较大，雾常常主要是由水汽形成的；冬季则可能混杂较多的烟尘，所以呈灰色；春季多风，往往还有黄土浮尘，雾就变成了黄色，含有较多黄土浮尘的雾常常是高处的浓度大于近地面浓度。如果夏、秋季节雾的颜色发蓝，就可能是汽车尾气浓度过大导致的光化学烟雾了。

人主要在近地面活动，大气污染形成的烟雾，特别是近地面附近浓厚的烟雾会威胁我们的健康。所以，当观测到近地面能见度小于 2 千米的烟雾时，应该减少室外活动，特别是要减少登山、跑步等剧烈运动。

雾的种类

雾是由悬浮在空气中的人眼不能分辨的微小水滴或冰晶组成的。完全由水滴组成的雾呈乳白色。

大雾：水平能见度小于 1 千米。大雾时的相对湿度达到或接近 100%，水滴半径约为 1 微米。

轻雾：水平能见度 1~10 千米，相对湿度稍小，水滴半径小于 1 微米。

浅雾：高度小于 2 米。常出现在低地、山洼、水面、湿地等地，一般在晴天的夜晚和清晨出现，日出后很快就会消散。这是因为，大气中的水汽有保温的作用。晴天的夜晚，大气中的水汽含量少，地面温度散失快，凌晨近地面气温比较低，而大气中能容纳的水汽量是随着气温的降低而减少的，当气温下降比较多时，大气容纳不了的水汽就会凝结为小水滴，产生雾；随着日出以后，气温迅速

回升，小水滴又很快变为水汽，雾就消散了。

烟雾：不仅由小水滴组成，还有二氧化硫等液滴，以及细小的尘埃。烟雾往往呈现出灰、黄、褐等颜色，还可能带有刺鼻的气味。

延伸活动

到郊外的田野、宽阔的水域或山区去做一次观察，注意那些地方的雾有什么特点。

五单元　露、霜及其他

活动内容

寻找露或霜，思考它们出现的规律。
关注特殊形式的降水。

图 3 – 5 – 1　露

活动准备

查阅相关资料或网站，了解活动地点的气温变化情况。

观察点拨

露和霜一般在早晨太阳没升起之前容易观察到。早一点起床，到室外不同的地方去寻找，看看在哪里能发现露或霜。

并不是每天都会有露或霜。一天不成功，不要泄气，坚持几天就一定能够观察到。

除了雨、雪、露和霜以外，还有一些不太常见的降水形式，包括凇（sōng）、霰、米雪、冰粒、冰针、雹等。

问题

有露或霜的日子一般会是什么样的天气？

木兰围场见闻

在河北省北部有一个围场县，在地形区上处于内蒙古高原的边缘，海拔多在1200米以上，是距离北京最近的高原区。自从清代设立皇家"木兰围场"以来，这一带就成了京北著名的围猎之地。

初秋时节，我们一家到木兰围场度周末。

从北京出发时，还是风和日暖。出古北口进入山区，地势渐高，两侧的山峦一片金黄、一片火红，已经是深秋的感觉了。打开车窗，就能感觉到温度明显低了几度。

傍晚，我们在草原上的一个小镇住下。早晨，天刚蒙蒙亮，我就被小鸟叫醒了。

走出门外，就见到澄澈的蓝天上飘着几朵白云，门前的石路上有一层薄薄的白色的东西。我很好奇："昨天夜里下雪了吗？"

妈妈说："那是霜。"

"雪和霜有什么区别？"

"雪是在大气中形成的具有六角形结晶，并降落到地面的固体降水物，而霜是大气中的水汽直接在地表物体上凝华形成的结晶。"

"晴天也会有霜吗？"

"越是晴天，才越可能有霜。霜与露类似，其形成与浅雾的形成原因相似，只是它们是形成于地表的，所以，要看地表温度与大气温度相差得是否够大。在晴天的夜晚，温度降低最快的地表物体最容易凝结露和霜，如金属物体、岩石等。只要大气中的水汽含量超过了物体附近温度的水汽容纳量，水汽就会在这些物体上凝结。当这些物体的温度高于0℃时，水汽就凝结产生露，温度低于0℃时，水汽就凝华形成霜。"

"那今天应该是一个大晴天了。"

"也不一定，俗话说'高原上的天，孩儿的脸，说变就变。'"

我到附近的草地去走了一段，发现草上面没有白色的霜。从草地里出来，鞋和裤脚都被打湿了，原来草的温度没有降到0℃以下，所以上面的是露水。只是

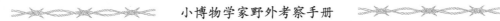

露水并不多，我没有注意到。

早餐后，我们驱车去寻找美景。穿过一片草甸，一条小河蜿蜒流淌。河对岸是一座小丘，上面长满了已经差不多完全枯黄了的草。山脊附近有一片漂亮的白桦林，雪白的树皮、亮黄色的树叶在阳光下显得光彩夺目。

我们试图爬上那座小丘，发现它原来是一座沙丘，一抬脚就往下滑，太难上去了，而且坍塌下来的沙子还连带掉下来一些草，我不忍心再上了。

前面那座山的山脚下就有一片白桦林，我们朝着它进发。刚才还是蓝天白云，怎么转瞬就乌云密布了？我刚钻进车里，就看到密集的米粒大小的东西打在车的前挡风玻璃上，还有响声呢！隔着车窗，我看到它，圆圆的，亮晶晶的，这是什么？既不像雪花，又不像冰雹，就是一个个小冰珠，一个词在我的脑子里一闪而过——霰（xiàn）。

回家以后查词典，我确认了，它不是霰，而是冰粒。冰粒，词典上是这样描述的："云中下降的坚硬而透明的小冰球颗粒。直径平均约 1~3 毫米，一般由雨滴下降过程中冻结所致，常见于寒冷时节。"而对于霰，则是如下描述："白色不透明球形或圆锥形的固体降水物。直径约 2~5 毫米。由过冷水滴碰撞在冰晶（或雪花）上冻结所致，着地时，往往会反跳，易破裂。常于落雪前具有一定对流强度的云中降落，多带阵性。"

这个冬天，我还真的在我家阳台上看到了霰！那是一个阴沉的早晨，正好是周末，不上学。起床后，我在书桌前读英文单词。忽然，什么东西打在窗户上，乒乒作响。咦！难道冬天也会下冰雹吗？我到阳台上仔细观看，原来天空降下来的是小雪球，落在阳台上还会跳起几厘米高，真像书上描述的是圆锥形的。

观察、记录

露和霜比较常见，但一定要起早，还要知道什么样的天气可能有露或霜，在什么样的地方更容易有露或霜。

冰粒、霰、雹等极少见，可遇而不可求，事先多了解一些，一旦遇到了就知道该如何应对了。

观察露或霜，记录它们出现的日期，当日的昼夜温差和大气湿度，以及它们出现的具体位置（地表物体）。

遇到冰雹或霰等，可测量冰雹和霰的大小，还可以切开冰雹，观察它的内部结构。

将你观察到的露、霜、冰雹等的形态画一画，如有可能，尝试把它们拍摄下来。

> **提示**
>
> 霜、冰雹等反光强，要拍摄到它们的细节，需要在自动测光的基础上减少 1~2 挡曝光。
>
> 要表现它们的大小，拍摄的时候可在旁边放置一个参照物。

我来解释

有露或霜的天气一般是晴天。露和霜都出现在晴天的凌晨，因为晴天的夜晚地面热量散失得快，温度降低得多，所以最有可能形成露或霜。

降水的类型

降水包括液态降水和固态降水。通常将大气中的水汽直接凝结或凝华于地表的液态和固态水也统称为降水。在沙漠地区，这种凝结水可能是更主要的降水形式。

液态降水主要包括雨、露和水淞。

固态降水的形式很多，主要有雪、雹、霰、米雪、冰粒、淞、霜等。米雪是比霰更小的长或扁球状固体降水物，直径小于 1 毫米。淞是地表物体上的比较松脆的冻结物或凝华物，有雨淞、雾淞等。

延伸活动

放在冰箱里含有水分的食品，如果不用塑料袋包装，会有什么结果？探究一下这是为什么？

第四章

了解地质与地貌

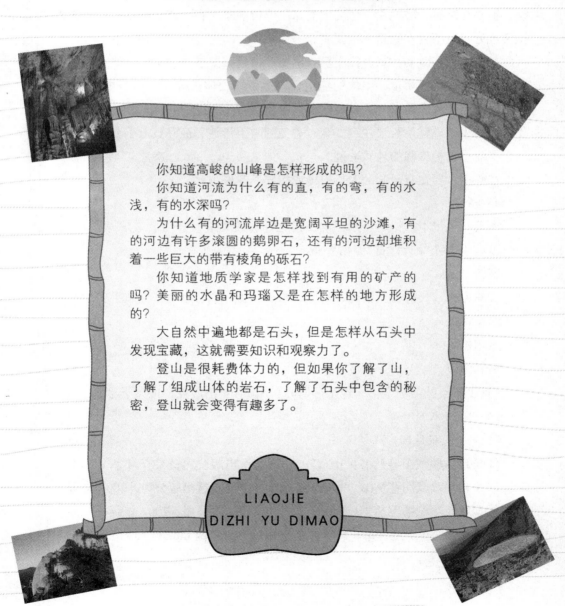

你知道高峻的山峰是怎样形成的吗？

你知道河流为什么有的直，有的弯，有的水浅，有的水深吗？

为什么有的河流岸边是宽阔平坦的沙滩，有的河边有许多滚圆的鹅卵石，还有的河边却堆积着一些巨大的带有棱角的砾石？

你知道地质学家是怎样找到有用的矿产的吗？美丽的水晶和玛瑙又是在怎样的地方形成的？

大自然中遍地都是石头，但是怎样从石头中发现宝藏，这就需要知识和观察力了。

登山是很耗费体力的，但如果你了解了山，了解了组成山体的岩石，了解了石头中包含的秘密，登山就会变得有趣多了。

LIAOJIE
DIZHI YU DIMAO

本章特别提示

安全提示

要在成年人陪同下外出观察。

必须将车停在专门设置在路边的停车位上。不要在高速公路上停车进行观察，不要在路窄、坡度大、弯度大的路段停留观察。在铁路边观察时，不要距离铁路过近，更不要在铁路上玩耍。

在路边观察时要注意过往车辆，不要停留在路上。

在山坡边观察要留心山体的稳定性，不要在山体破碎、有悬石的地方停留。不要在雨天和风大的天气进行观察，以避免落石危害。

使用小刀或瓷片时要注意安全，避免割破手指等，最好戴上手套。

要注意保护珍稀的地质遗迹。

在矿山，要在有经验的人员引导或指导下开展观察。

必备物品

钢笔、笔记本、铅笔、速写本、指北针、放大镜、竖刀、玻璃球或小瓷片、小铁锤、小磁铁（吸铁石）、白胶布。

装备

长袖上衣、长裤、旅游鞋、墨镜、帽子、折叠伞、水壶、帆布手套。

选备物品

照相机。

拓展阅读

《青少年科技活动全书·地学分册》（中国青年出版社，1988 年版）

《地球》（双月刊）

《化石》（双月刊）

《DK 自然珍藏图鉴丛书·化石》（中国友谊出版公司，2007 年版）

《DK 自然珍藏图鉴丛书·岩石与矿物》（中国友谊出版公司，2007 年版）

《DK 自然珍藏图鉴丛书·宝石》（中国友谊出版公司，2007 年版）

网站：中国科学院网络化科学传播平台——化石网 http：//www.uua.cn

图 4 – 1 – 1　花岗岩

一单元　从花岗岩开始
——山峰的产生

活动内容

观察山体的形态、颜色和物质组成成分以及风化产物的特征。

活动准备

查阅当地地图，了解附近有哪些比较高的山。

观察点拨

许多比较高而峻峭的山峰是由花岗岩构成的。

远观花岗岩山体颜色为淡黄色，山体高大，多峭壁，但顶部常是浑圆的，在山坡处常可见近圆形巨石。

仔细观察岩石，可见差异明显的不同物质，晶体形状、大小不一。其中，透明者为石英；白色的是斜长石；肉红色的是正长石；近黑色的晶体有三种，薄片状的是黑云母，长柱状的是角闪石，短柱状的是辉石。

走在花岗岩山区，请注意脚下地面风化物的形态特征。

问题

花岗岩山体高大峻峭，可其顶部为什么大多是浑圆的？

花岗岩山区低洼处地面风化物有什么特征？其形成原因是什么？

走近花岗岩山体

在北京西郊，有一座海拔1000多米的山峰——凤凰岭。

和周围的山比起来，凤凰岭很突出，不仅更高一些，颜色也大不一样。浅黄色的山体在阳光下非常耀眼，让人从很远的地方就能将它辨别出来。

从山脚沿着一条山谷向上攀登，脚下的山路上散落着一层直径3毫米左右的粗大沙砾，踩上去有些滑，让我不得不放慢脚步。

两侧绵延的山脊上，一列列嶙峋的怪石正努力挣脱绿色的羁绊，展示着它们不俗的相貌：有的纤细，有的粗犷，有的形似鸟兽，还有的状如人形，有的和基岩紧密相连，坚实稳重，有的则似单摆浮搁，摇摇欲坠。

深深的山谷中，随处可见大大小小浑圆的石头。一股溪水潺潺而下，时而绕过巨石，蛇形前进；时而敲打着巨石，溅起一层层雪白的水花。

这一段路比较平缓，水流也舒缓了许多。透过浅浅的溪水，可见水底铺着厚厚一层晶莹的砂粒。抓起一把砂粒仔细观察，它们大多是透明的。放在瓷片上磨一磨，发现它们竟在瓷片上留下了印记。原来这些透明的小砂粒都是石英砂。

山路由人工铺设的石阶组成，随着山势逐渐陡峻起来。路边一块比较宽敞的平地上，一只石桌已经搭建好，几块经过雕琢的石板散落在周围，一些工人正在凿石。他们手擎钢钎和铁锤，手起锤落，叮叮当当，真是热闹非凡。我不禁停下脚步观看，就见一锤下去，只掉下来很少的石屑，可以想见这些石头有多坚硬了。

工地四周散落的碎石让我得以仔细观察花岗岩。近观花岗岩，我明白了它为什么会被称作花岗岩。在岩石被凿过的剖面，清晰可见各种颜色的矿物颗粒，有白色、肉红色、无色透明的颗粒，还有少量黑色的颗粒，它们相对均匀地混杂在一起，呈现出花斑状。我认为，令山体呈现浅黄色的应该是那些肉红色的矿物。由于它们的含量比较少，看起来不足25%，所以远观山体的颜色很浅淡。

拿起一块碎石仔细观察，那零星分布的小小黑色薄片，用指甲一抠就破碎了，这是黑云母；那些显得厚一点的黑色小颗粒要硬一些，戴上手套，用小刀试着刻划一下，只能在上面刻划出浅浅的痕迹，它们是角闪石；那些白色和肉红色的不透明颗粒是斜长石和正长石，它们更坚硬，小刀也不能奈何它们，不过瓷片可以在上面留下明显的刻痕；而那些半透明的晶体就是最坚硬的石英，也就是和我们在水边看到的那些一样的东西。

沿着石阶盘旋而上。突然，一块从天而降的巨石挡在了路中央。在山崖上，还可以找到它原来的位置呢！绕到巨石侧面，才发现这块巨石是悬空架在另一块巨石上的，我想象着当初它是怎么从山崖上滑落下来，又被下面这块巨石接住的。

在山体的上部，常可以见到巨大的垂直裂隙，这就是花岗岩岩体原生的节理，一般有三组。当这种垂直节理遇到另一组呈水平方向的节理时，整块的巨石就可能向下滑落。如果半山没有这么巨大的石块拦住它，它就会一直坠入谷底。而被拦住的巨石就这样悬着，下面常常会形成宽敞的石室，成为登山人歇脚和遮风避雨的良好场所。曾经有一次登山的时候，突降阵雨，我就曾在这样的石室暂避一时，而避免了被淋成"落汤鸡"。

图4-1-2 花岗岩节理及球状风化

121

观察、记录

选择附近比较高、颜色呈淡黄色的山进行一次观察。

记录由远及近看到的山体、岩石的形态、颜色和物质组成，用素描的方式绘图或用照相机拍摄下山体和岩石的宏观特征和细节部分。

> **提示**
>
> 花岗岩在强光下非常耀眼，应避免顺光拍摄山体。拍摄时减少一挡曝光量，可以获得层次更加分明的图像。在植被繁茂的地区，当植物呈现绿色时，拍摄花岗岩山体可能会有很大的反差，而当秋天树叶变红时拍摄出的花岗岩山体可能更漂亮。

我来解释

花岗岩山体的顶部呈浑圆形的原因

根据我的观察，花岗岩虽然质地坚硬，刀斧难削，然而其成分并非完全一致，其中的一些暗色矿物相对软一些。花岗岩生成于地下一定深度，然而，当花岗岩被剥去上面的岩层，完全暴露在自然环境中时，也会被风化。其典型的特征是球状风化，即花岗岩块在长期风化过程中被削去棱角，逐渐圆化的过程。这就是花岗岩山体顶部常呈浑圆形，以及在其山坡、谷地常能见到圆形巨石的原因。

花岗岩山地的低洼地广布粗砂的原因

花岗岩主要由硬度不同的石英、长石、角闪石、云母等几种矿物组成，风化后比较软的部分成为极细的碎屑，很快被流水带走了，只有坚硬的石英能长期保持比较大的颗粒留在原位。花岗岩山地地面砂粒的粗细和岩石中晶体的大小密切相关。

科学课堂

高山与岩石类型

在主要造岩矿物中，石英是硬度最大的，因而石英含量较高的酸性岩硬度也就大一些，在沧海桑田的变化中常在侵蚀的过程中成为剩余产品——高山。也许正是由于花岗岩多出现在山岗上，所以才被称为花岗岩。

在我国东部地区，许多风景独特的名山是由花岗岩组成的。如安徽黄山、陕

西华山、山东泰山和崂山等都是典型的花岗岩山体。

在华北地区，比较高峻的山峰主体也大都是花岗岩类。如河北小五台山，天津盘山，北京云蒙山、松山、凤凰岭、碓臼峪、云峰山等。

造岩矿物

组成岩石的一般矿物被称为造岩矿物。造岩矿物有百余种，常见的有十余种。

造岩矿物根据其颜色可分为深色矿物和浅色矿物。

深色矿物含二氧化硅少，铁、镁多，又称铁镁矿物。其主要包括橄榄石、辉石、角闪石、黑云母等。

浅色矿物含二氧化硅多，铁、镁少，又称硅铝矿物。其主要是长石类矿物和石英等。

矿物的硬度

德国矿物学家摩氏（Friedrich Mohs，1773—1839）在1822年提出了鉴定矿物相对硬度的标准——摩氏硬度计，由10种常见矿物组成，硬度由小到大依次为：滑石，石膏，方解石，萤石，磷灰石，长石，石英，黄玉，刚玉，金刚石。

二单元　千姿百态的石头

活 动 内 容

寻找并发现不同类型的岩石，观察其形态、结构、颜色和组成成分以及风化产物的特征，收集一些比较有意思的岩石。

图 4 - 2 - 1　巨型水晶

活 动 准 备

查阅当地地图，了解附近交通比较方便的、比较高的山有哪些，最好能找一份考察地一带的大比例尺地图。

观 察 点 拨

大部分岩石会被松散的风化物以及土壤、植被覆盖，而沿着山谷修建的公路边常会因修路削去了一部分山体岩土，使基岩露出来，让我们便于观察它们。特别是翻越山口的公路沿线，可能会发现更多种类的岩石。

岩石的形态、结构、颜色是最容易观察的特征，也是区分它们的主要依据。如沉积岩有明显的层理；岩浆岩没有层理，但有特殊的构造，如内生岩多有一定比例的不同矿物结晶，喷出岩则常有气孔和流纹构造等；变质岩比较复杂，它们由不同的变质过程作用在不同的岩石上，表现也千姿百态。

问 题

翻越山口的公路沿线为什么能发现更多种类的岩石？

辨别不同岩石类型的主要依据是什么？

怎样知道沉积岩是形成于海洋还是陆地？

十三陵寻石记

我有幸跟随地质专家肖老师到十三陵寻访石头，虽仅一天的时间，但还是让我认识了许多不同类型的岩石。收获真是不小！

天刚蒙蒙亮，我们就驾车出发了。从八达岭高速到昌平西关再向北，很快就到了大宫门。沿途，肖老师旁征博引，滔滔不绝，让我对十三陵有了一个初步的了解。

北京十三陵是明代皇帝的主要陵寝地，已经被列为了世界文化遗产。然而，这里还有鲜为人知的珍贵的自然遗产——多种多样的岩石类型。

十三陵地区是我国北方著名的中、上元古界地质剖面之一。

什么是地质剖面？

我们知道，地层是由岩石缓慢沉积形成的，后来的岩层覆盖着以前的岩层。在大部分地区，岩层呈水平方向延伸，我们只能看到极少数岩层，其他的岩层都被埋藏在了地底下。但是，也有一些特殊的地区，由于岩浆的侵入或是岩层被挤压变形为褶曲甚至断裂，再经过长期外力的剥蚀，使得下面的岩层一层层地被剥露了出来。我们沿着一定的线路观察，就可以看到一组从新到老的不同地质年代的岩层，或者说是一个岩层的纵剖面，这就是地质剖面。

十三陵地区就是大自然为我们开拓出的一个这样的地质剖面。

在德胜口水库大坝附近下车，只见公路沿着一道山谷延伸，时而要凿下一些凸出的岩石，露出一片清晰的岩壁。

顺着公路向下走，边走边看。首先看到的是一些颜色斑驳、有点像花岗岩的岩石，但仔细观察，它可没花岗岩那么坚硬，其间有着类似麻袋片的纹理，用小锤子沿着纹理轻轻一扒，就掉下不少碎屑来。

肖老师告诉我，这是变质岩的一类——片麻岩。它们是最古老的一类岩石，形成于太古代，距今已有 24 亿年以上了，那片片纹理就是它们在地层深处受到炽热的岩浆加热，深色矿物重新结晶形成的。

这一片颜色稍浅的是角闪斜长片麻岩，它是由中性的岩浆岩——闪长岩变质而成的；而那一片颜色较深的是透辉角闪斜长片麻岩，是由基性的辉长岩变质而

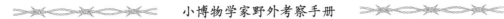

成的。

前行一段，岩石的层理开始明显起来，岩石的成分时粗时细。肖老师告诉我，现在我们已经进入了一个新的地质时代——元古代。这些岩层是元古代最早期形成的，距今大约是 20 亿年。岩石成分颗粒比较粗的是长石砂岩，细的是泥质粉砂岩。

再走一段，岩石的成分看起来好像比较单一了，颗粒粗细均匀，呈现淡淡的灰黄色，用锤子敲一敲，只掉下一点点碎屑，用小刀抠一抠，也没抠下什么来。"这是石英砂岩。"肖老师的话让我忽然想起了上次在花岗岩谷地水边见到的砂，这该不就是那样的砂沉积形成的岩石？

再向前走，岩石的成分更细了，灰黑色的富钾泥质粉砂岩和灰白色长石石英细砂岩交替出现。

下面一段岩石的颜色灰白，肖老师告诉我："这是石英岩。""不是石英砂岩吗？"我好奇地问。"你仔细看看，和刚才看到的石英砂岩一样吗？"看起来是有些不同，其中的颗粒不像沙砾，倒好像花岗岩中的石英晶体，只是成分很单一，而且它们紧紧地挤在一起，层理也看不到了。"石英岩是石英砂岩受热后重新结晶形成的，属于变质岩，其结构比石英砂岩更紧密，也更坚硬。"

前面的岩石层理很薄，薄得就像一张张纸。肖老师说："这是形成于震旦纪早期的页岩，距今约有 16 亿年了。你拿放大镜找找看，是否能看到金黄色的矿物颗粒？"我找了一会儿，一无所获。"没关系，下次再来找。"

我依依不舍地继续向前走。岩石的成分似乎更细了，用放大镜也看不到颗粒了。"这应该是海相沉积岩——石灰岩了吧？"我问肖老师。"不，这还不是典型的石灰岩，而是白云岩。""我没看出它和石灰岩有什么区别呀！"肖老师从包里拿出一个小瓶子，打开盖。我嗅到了一股刺鼻的酸味，是盐酸。他用吸管吸出一些液体，在石头上滴了两滴，没有反应。"白云岩和石灰岩的外形没有多大差别，但是在盐酸中的表现就明显不同了。如果这是石灰岩，就会发生强烈的反应，冒起泡来。"

继续前行，一会儿是砂岩，一会儿是白云岩，我似乎看到了十几亿年前这里沧海桑田变化的情景。

到昭陵博物馆了，我们都有些疲劳。"上车，咱们去参观一个你绝对没去过的陵——永陵。"

永陵在十三陵最大的陵——长陵的东南。这里既不像长陵那样规模宏大，也

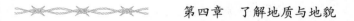

没有像定陵一样开挖出地宫，不过陵寝院墙整齐，不似其他许多陵寝那样破损严重，明楼也保存得非常完好。

在宝城之上，肖老师让我注意看垛口上的砖石。"哇！这砖烧得真够精美呀！"砖石的底色为暗紫色，上有花纹，呈两头尖尖、中间宽大的流畅的流线型，就好似山水画中的竹叶。"这可不是砖，而是天然石材加工而成的。这石材叫做竹叶状硅质白云岩，生成于海滩潮间带。那一片片形似竹叶的东西是梭形砾石，它们是在潮水涨落的过程中上下滚动形成的，而且会沿着海岸线的方向排列。它就产自不远的翠花山。"

火红的太阳已经落在了远山的山颠，天色渐渐暗了下来。肖老师说："翠花山还可以找到多种藻类化石，水库的大坝那边还有侏罗纪的火山喷出岩，陵区外围一带包括碓臼峪、虎峪等处还有花岗岩、石英二长岩、闪长岩等多种侵入岩体，下次我们再接着去找吧！"

图 4 - 2 - 2 砾岩

观察、记录

将你寻找到的不同类型的岩石情况填入记录表。

我来解释

翻越山口的公路沿线能发现更多种类的岩石

通过实际观察，我发现，山口附近的岩层大多是倾斜的，它们应该是受到各种内力作用变形而成的，而且岩层的走向基本上都是与山口的延伸方向垂直的。因此，当我们穿越山口时，岩层倾斜的角度越大，我们就可以在很短的水平距离中看到更厚的岩层，而它们沉积的年代也就越久，岩石的种类就可能越多。

辨别不同岩石类型的主要依据

岩石根据形成原因可分为三大类：沉积岩、岩浆岩和变质岩。

沉积岩有明显的层理。

侵入岩浆岩有各种矿物的结晶。火山喷出岩有气孔和流纹构造。

变质岩有各种变质构造，显示为定向的重结晶。由沉积岩变质而成的变质岩有时也成层，只是这些层已经不是原来的层理，如板岩的劈理使其更容易被劈开成完整的薄层。

形成于海洋与陆地的沉积岩的区别

形成于陆地的岩石主要有砾岩、砂岩、页岩等岩石，其基本特征是多含有大小不一的砾石、沙砾或泥质，可以很容易用肉眼分辨出来，属于机械沉积；形成于海洋的岩石则以化学沉积为主，很难用肉眼分辨出其中的颗粒，如石灰岩、白云岩；形成于潮间带的竹叶状灰岩是一类特殊的岩石，其竹叶状的花斑是由海滩上的砾石组成，而暗紫色的基底则是海水中含有的微溶于水的碳酸盐、硅酸盐等矿物的沉淀物。

科学课堂

三大类岩石

地球上的岩石根据形成的原因可以分为三大类：岩浆岩、沉积岩和变质岩。

岩浆岩

岩浆岩中的造岩矿物为原生矿物，其各种组成成分所占的比例是岩石分类的依据。深色矿物含量最高的岩石颜色最深，为超基性岩；随着深色矿物的减少，岩石依次为基性岩、中性岩、酸性岩。

岩浆岩中各种矿物晶体的结晶程度和晶体大小反映了其生成条件，主要是成岩深度和岩浆成分。

岩浆岩根据岩浆凝结位置又可分为侵入岩和喷出岩，侵入岩根据成岩深度和岩体形态又有中深成岩、浅成岩和脉岩之分。

岩浆岩形成深度越深，岩石中的矿物颗粒就越粗大。根据岩石中矿物颗粒的大小不同，岩石可以划分为伟晶岩（晶体颗粒可达数厘米甚至数十厘米）、粗粒岩（>5mm）、中粒岩（1~5mm）、细粒岩（0.2~1mm）、隐晶岩（肉眼无法分辨，只能在显微镜下看出）。在喷出岩中，还有一类完全没有结晶的玻璃质结构的岩石。

中深成岩凝结成岩的深度比较大，一般为中粒或粗粒，如最常见的花岗岩；浅成岩多为细粒；喷出岩肉眼常常难以看出晶体，多为隐晶质、玻璃质。

酸性岩浆比较黏稠，所以，一般结晶颗粒比基性岩小。

脉岩形成于岩浆活动后期，其中含有丰富的挥发成分。它们侵入先期形成的岩浆岩岩体的裂隙中，成为特殊的伟晶岩，其晶体直径多在1厘米以上。最常见的有花岗伟晶岩，其中巨大的晶体颗粒有时可达数米。

沉积岩

沉积岩是岩石风化以后在风或流水的携带下，搬运到低洼的地方堆积，再经过漫长的地质变化形成的。

沉积岩根据形成的原因，又有海相沉积岩和陆相岩沉积两大类。

海相沉积岩中最普遍的是石灰岩，属于深海化学沉积。类似的还有白云岩。石灰岩与白云岩最主要的区分方法就是滴盐酸，冒泡的是石灰岩，基本不冒泡的是白云岩。

在近岸浅海和河口附近，海相沉积岩还有砾岩、砂岩、粉砂岩、黏土岩等类型。

陆相沉积岩也有砾岩、砂岩、粉砂岩、黏土岩等类型，与海相沉积岩的区别主要是颗粒的分布变化比较复杂。

变质岩

变质岩是更加复杂的一类岩石。它们可能是任何一种岩石在热力或动力的条件下，改变了它的矿物成分和构造而形成的。

最常见的变质岩是大理岩。它们是石灰岩类岩石受到热力或动力作用，矿物成分重新结晶形成的岩石。

三单元　近观火山口

图4-3-1　古火山口

活动内容

寻找火山喷发的证据，观察古老的火山口形态特征，以及火山岩形态结构。

活动准备

查阅相关的资料，了解附近地区历史上是否有过火山喷发的记录。

观察点拨

年代越久远，火山喷发的迹象就越难追寻，要掌握火山口及火山岩的基本形态特征。

问题

火山岩有哪些重要的形态特征？

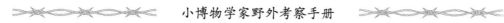

跟我来

草原觅踪火山口

我的表哥家有一块石头，颜色灰灰的并不好看。小时候，我曾好奇地想摸一摸，可他就是不让我摸。到我大一点，他才让我看，并给我讲了那块石头的来历。它来自坝上草原，是表哥在草地上捡到的。"一起去的十多个人，只有我捡到的这块最好。"表哥不无骄傲地说。我看到石头上有许多长圆形的小洞，洞里竟然还有那么微小的白色晶体。表哥说那是橄榄玄武岩，是火山喷出的岩石，那些洞是由喷出时岩浆中含有的气体形成的，洞中的晶体则是后期流水中携带的矿物质逐渐沉积形成的。

今年暑假，我有机会和爸爸、妈妈一起去草原，我期待着也捡到那样的火山岩。

据说达赉湖西北有好几十座火山口呢，我想在那里一定能找到比表哥那块更好的火山岩。

从经棚镇沿着303国道向西，到那一大片风电场后，就可以看到远处那一个个孤立的平顶山，根据它们的形态可以初步断定是火山口。

过了最近的这个火山口，没有发现路。掉回头来，看到草原上有两条车辙，跟着上去，我们来到了火山口边。坡虽然不是很陡，但车还是爬不上去，我们弃车步行。上到顶部，发现这是一个经过人工大规模破坏的火山口，已经完全看不出其本来形态了，只是地上的碎石都是火山岩。那熔岩流动的纹路还清晰可见，还有许多多孔的石头，不过已经全都被打碎，没有完整的了。

我们朝着另一个目标前进。这座火山就在路边不远，还未到跟前，就可以看到草原上散落的大大小小的火山岩，其中一些有着密如蜂窝的气孔。忽然，我发现一块岩石上有闪亮的东西，仔细看，好漂亮呀。那是一块橄榄绿色半透明的小石头，它镶嵌在灰黑色的岩石中，用小刀试一下，比小刀要坚硬得多，是橄榄石。只是它太小了，只有一个大米粒大小，不够宝石级，不过我还是挺兴奋的。仔细寻找，有橄榄石的岩石还真不少呢！不一会儿，我就发现了好几块。爸爸说："车拉不动了。"我只得精选了两块。

围着这座山转了一圈，没有找到登山的路。为了安全，我们放弃了登山，继续向前。

前面那座建筑是博物馆，旁边一条沙石路看样子能通往远处那些火山。路虽然颠簸，但我心里充满着希望。

那边好像是一座火山，不过小路通到一户人家的院墙外就断了。主人告诉我们，山上是牧场，不能上去。询问这是不是火山口，他说这座山上没有石头，就是土山。"那边那些呢？""都是土山，只有那座鸡冠山（那座最高的山）是石头山。"

我看到他的院墙都是用火山岩垒的，就问："这石头是哪里的？""这是修路的石头，从远处运来的。"

我并不甘心，往前走了一段，找个制高点观察这座山，怎么看都像是火山口，可就是没办法过去。

继续向下一个目标前进。这一座无疑是火山口了，草原上到处是铁丝网。我们只能沿着大路前行，总算看到一条通往火山方向的岔路。走出不远，是一个小村子，一条土路穿过小村向着火山口延伸。在这个方向可以看到火山有一个破口，准确地说，这是一个破火山口，年深日久被大自然的风和水侵蚀，已经使火山口的这一面完全被破坏了。一群羊正从火山口里面出来，我们兴奋极了。走了一段，发现我们和火山之间还有一道铁丝网，路越走越远了。

我们再一次弃车，翻越过铁丝网，朝着火山前进。

从火山的破口进入到火山腹地，火山内部是地势比较缓的宽阔坡地，内高外低，像一个小盆地。在靠近盆地的边缘时，地势突然变陡，高峻的火山壁环抱着这个小盆地。接近顶部的地方还有一些裸露的岩石，只是坡太陡，为了安全，我没有上去，只是用望远镜查看了一下那里的岩石，是火山岩。

确实如那位牧民所说，这里难以找到很多岩石，草丛中零星散落着少量的火山岩。大部分地表的岩石已经完全风化，形成厚厚的土壤，上面覆盖着茂密的植被，和周围的草原没什么区别。我努力在地上搜寻，想找到一块火山弹，可是似乎很难。偶尔发现一块像火山弹的，却又太大，难以移动，只能给它拍张照片，带回去给专家鉴定。

为什么在这座火山口里几乎找不到火山弹？回家以后，在网上搜索，我似乎找到了答案。这座火山口早已被作为著名的火山在网上宣传了，在我们之前，也许已经有很多人来过了。无疑，如果有能搬得动的火山弹，一定都被前人带走了。

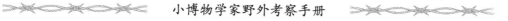

　　回家的路上，有一个岔路，路标指示有一座水库，我们循着路标找到了水库。

　　这里正在修路，水库一侧的山被凿开了一片，倒下来的碎石堆积在岸边。我发现这些岩石也是玄武岩，里面不仅有许多大大小小的气孔，而且很多气孔中还有白色的填充物。在一些被破开的填充洞中，我惊喜地发现了带有沉积纹路的沉积物，这不就是玛瑙吗？

　　在一块半人高的岩石上，我发现一个鸭蛋大小的圆形的洞，里面长满了许多紫色的小晶体。我兴奋得跳了起来，是紫水晶的晶簇！以前只在玉石店里见过紫晶洞，今天我见到了纯天然的晶洞，尽管它和玉石店里的相比可能太小了，可它是我的发现呀！我努力想把它从岩石里抠出来，可稍微一碰，边缘的晶体就开始往下掉。我更加小心地抠，总算抠出来了。这是多半个晶洞，晶体的外面是一层皮壳，和火山岩结合得并不那么紧密。晶体从皮壳上向内生长，越靠里边晶体的个儿越大。

　　从周围看到的大小不同的晶洞里的晶体可以证实我的猜想，在有晶体的洞里，洞比较小的晶体也比较小。

　　我看到周围的一些岩石上留有许多类似的洞，看样子里面原来也是有玛瑙或者晶簇的，可能是岩石滚落时掉了出来，也或许是被以前来的人像我们一样把它们抠出来了。

　　回家查阅资料，我知道了玛瑙主要产于火山岩的裂隙及空洞中，也产于沉积岩层中，是二氧化硅的胶体凝聚物，通常是由二氧化硅的胶体沿岩石的空洞或空隙的周壁向中心逐渐充填，形成同心层状或平行层状块体。玛瑙可分为玉髓和玛瑙。原石颜色不复杂的称为"玉髓"，出现直线平行条纹的原石则称为"条纹玛瑙"。我找到的基本上都是白色的，所以应该叫做玉髓。

　　由于水晶和玛瑙的化学成分都是二氧化硅，在很多情况下，水晶和玛瑙会共生。有时在一个大一点的晶洞中，靠近洞壁的地方是玛瑙，而里面则是晶簇。

　　水晶是单晶体，结晶大而透明度高；玛瑙则是多晶集合体，在电子显微镜下看，玛瑙是由无数微小的二氧化硅的晶体组成的，所以，玛瑙通常是半透明的。这些都是水晶和玛瑙的显著区别。

观察、记录

选择一个有火山喷出岩的地区进行观察，记录观察到的火山岩的颜色、形态、结构等特征，同时注意观察它是产自原地，还是从别的地方被搬运过来的？把你发现的岩石拍摄下来，还应该同时将它周围的景物拍摄下来。

> **提示**
>
> 看岩石是否产自原地，要看它周围是什么样的环境。如果有大片几乎同样的岩石，它一定是产自原地的。或者它露出地表的部分已经不小，而且似乎有"根"，即还有大部分被风化物埋藏，周围还可以看到类似的情况，也很可能是产自原地。
>
> 如果岩石只是散落无根的，就一定是从别处被搬运来的。注意看周围的地形，附近是否是高山，或者大河，高山上的岩石是否与它相似。如果不是，它就可能是被大河从很远的地方搬来的，那么它应该比较浑圆，没那么多棱角了。
>
> 如果前面的情况都不符，还有一种情况，它是人为从其他地方搬运来的，如修路采石等。

我来解释

根据我的观察，火山岩的主要特征是具有岩浆流动形成的纹理和长圆形的气孔。与内生岩浆岩如花岗岩的明显区别是，其中很少有矿物晶体。

科学课堂

我国的火山

我国是一个多山的国家，历史上的火山喷发还是比较多的，能找到火山岩的地区遍布全国各地。

内蒙古阿尔山和大兴安岭柴河地区、黑龙江五大连池和镜泊湖、吉林长白山和伊通、山西大同、云南腾冲，以及海南岛北部等地，都有由多座火山组成的著名的火山群。

阿尔山火山群有50多个火山锥，有大面积的温泉群，还有火山口形成的天

池，以及熔岩流动形成的堰塞湖、石塘林、地下暗河等千姿百态的奇特地貌景观。

柴河隶属扎兰屯市，有15座火山喷发口，7个海拔千米以上的高山天池和1处13千米长的火山断裂带。

五大连池火山群有14座火山锥，是火山多次喷发的产物，全部为碱性玄武岩。其中，老黑山和火烧山喷出时间最晚，1719～1721年喷发，因而保存完整。在那里可以找到大量造型奇特的火山流纹岩及火山弹。

长白山在历史上曾经多次喷发，白垩纪末、中新世、上新世末到更新世初三次大的玄武岩喷溢堆叠形成高原、山地，有火山100多座。早期喷溢的原始状态已遭破坏，中期喷溢则构成宽广的高原山系主体，晚期喷溢除白头山外，大部埋于河谷。主峰白头山为著名巨型复式火山，是在上新世晚期由碱性石英粗面岩喷发形成的。白头山在第四纪又有大量基性熔岩喷溢。据记载，1597～1668年和1702年曾有三次喷发。长白山还是最有可能在近期再次喷发的休眠火山。

伊通古火山群由16座火山锥组成，形成于新生代第三纪渐新世至上新世，由世界上少见的侵出式基性玄武岩柱构成，奇形怪状，雄伟壮观。火山群中还有大规模断裂岩洞，为中国首次发现。

在腾冲县城周围100多平方千米的范围内，分布着大大小小70多座形如倒扣铁锅的休眠火山，山势雄伟，景色秀丽。其中，大空山、小空山和黑山三个火山锥口径均为300～400米，深达数十米。腾冲火山群类型齐全，规模宏大，保存完整。在火山口附近，可以捡到灰、红、黑等颜色的火山石。其中有许多投入水中也不会下沉的浮石。

琼北地区是我国历史上火山活动最强烈、最频繁以及持续时间最长的地区之一。自新生代以来，共计有10期59回的火山喷发活动，形成大小不一、形态各异的火山100余座。与国内其他火山区相比，海南岛火山喷发不仅有陆相喷发，还有海相喷发，因此这里是我国火山类型最多，火山喷发景观最丰富，火山熔岩隧道最长、数量最多的地区。

新疆昆仑山中的卡尔达西火山群是我国喷发历史最近的活火山，1951年曾经喷发。

图 4 - 4 - 1　石柱

四单元　峡谷与溶洞

活动内容

观察石灰岩岩溶地貌，主要包括石灰岩山体的形态特征、石灰岩地区河谷的特征、石灰岩天然洞穴的形态结构以及洞内沉积物的类型和形成原因等。

活动准备

查阅当地资料，了解附近是否有著名的山洞，山洞中又是否有形态奇巧的石笋、石柱等。

必备物品：手电筒。

观察点拨

石灰岩的地貌形态与水有着密切的关系，要注意观察山地附近的水系和植被分布，它们会透露出一些有用的信息。在洞穴中，要仔细观察顶部和岩壁，注意是否有裂隙，以及是否有水的渗透，水又是怎样流动的。

安全须知

在河谷地区观察尽量不要选择雨季，不要下水嬉戏。

不要到未开发的洞穴中去"探险"。

在洞穴中观察要随时密切注意周围环境，避免滑倒、摔跤、磕碰到岩壁凸出物等。

问题

我国北方地区的石灰岩溶洞与南方的溶洞有什么不同？

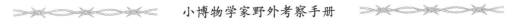

跟我来

石花洞探奇

北京石花洞国家地质公园由于其洞穴沉积类型最为丰富而被列为我国首家溶洞地质公园。

"石花洞"形成于4亿年前，洞体为上下7层，其中1~5层全长约5000米，6~7层有地下暗河和部分充水洞层，目前对游人开放的是1~4层。

从第一层洞口进入，昏暗的光线让我一时还不能适应，湿滑的洞底更令我不得不加倍小心。

在黑暗中走了一段，忽然我的眼前一亮，洞变宽了，一个宽敞的大厅出现在眼前，五彩的灯光照亮了洞中那千奇百怪的石头。你看那大厅中央屹立的石柱好似在支撑着布满裂隙的洞顶，那些贴着岩壁悬垂的带有细密纵纹的石幔远看真像极了轻软低垂的幔帐，而那悬在洞顶的纤细钟乳石和地上的石笋更让人觉得如入仙境。

走近石柱，可以感到柱脚周围更加潮湿，柱面也是湿湿的。我可以想象流水就是从柱顶的岩壁渗出，然后再顺着柱子流下来，而把其中的碳酸钙一点点地沉淀在了柱子上，才形成了这样粗壮而又有着一层层石雕一样花纹的擎天石柱。

再看那洞顶的钟乳石，有的乳头上还含着水珠。一个水珠掉了下来，我看到它正好掉在了下面的一株小石笋上。原来，石笋不是从地里长出来的，而是从天上掉下来的！

岩壁上的石幔也是湿漉漉的。向上看，石幔的顶部就好像凸出的窗帘盒。虽然已经看不到岩壁上的裂隙，但可以想象，那里正是流水大量渗漏出来的地方，那细密的纵纹正是流水的印记。

穿过一段狭窄的洞和一个小厅，我又来到了一个大厅。这里有更密的石笋、钟乳石、石柱和石幔。你看那石柱，有的像层层宝塔，有的像蟠龙缠绕。再看洞底，石灰华形成的"瑶池"中，石莲花正在绽放，真是栩栩如生。

西支洞走到头是一片奔流而下的石瀑布。在暗弱的灯光下，它确实太像饱含着泥沙的壶口瀑布了。

在中心大厅，最吸引我的是那被称作大竖琴的巨大石幔，它让我不禁联想到了国家大剧院的管风琴。

洞壁突出的一块横石差点撞到我的头，这就是石盾。石盾在别的洞穴中很少见，而这里据统计有600多枚。它们都是从石缝中长出来的，有的悬在洞顶，有的竖在地上，还有的就像这个一样横在洞壁上。

走了半天，我还没看到货真价实的石花。上面两层也有一些石花，但可以明显看出是后来粘上去的。

下到地下第三层，千姿百态、琳琅满目的石花才真的是令人惊叹。它们有的小巧玲珑；有的高大层叠；有的像菊花，花瓣呈纤细的针状；有的像月季，花瓣卷曲；还有的是圆圆的一串串的，就像一串串葡萄；更有那成团的，就像田野里的大片菜花，那就是国内溶洞中独有的月奶石莲花。

石花洞和十渡同属于房山石灰岩地区。别看石灰岩硬度大，却抵挡不住水的侵蚀，特别是石灰岩的天然缝隙多，其中既有可见的大裂隙，也有肉眼看不出的小孔隙，都会渗漏水。当水流穿过石灰岩的缝隙，石灰岩就会以碳酸钙的形式溶入水中，使缝隙逐渐增大，形成岩溶地貌。

十渡是石灰岩岩溶地貌的地表形态，以水流垂直运动溶蚀形成；石花洞则是地下形态，溶洞是水流水平运动溶蚀形成的，溶洞内丰富多样的石钟乳、石笋、石竹、石花、石盾等则是流水中携带的碳酸钙析出沉淀而成。

图4-4-2 石花

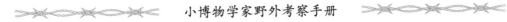

观察、记录

选择一个石灰岩山地或洞穴进行一次观察，记录观察到的山地形态或洞穴中不同类型的沉积物的位置、周围环境、形态特征，思考其形成过程。

把山地的不同形态或洞穴中各种奇巧的沉积形态拍摄下来。

提示

洞穴内光线很暗，为了拍摄到比较好的照片，必须借助灯光。

拍摄比较小的景物，如单个的小石笋、钟乳石、石盾、石花等，可以使用内置闪光灯，大一些的景物内置闪光灯一般难以发挥作用，如果有外接闪光灯，不妨带上。

要展示洞内宽广的大厅，以及其中那五色斑斓的色泽，就不能使用闪光灯，因为那彩色大多是由彩灯制造的。可以用延长曝光时间的方法拍摄，但必须使用三脚架和快门线。如果没有快门线，可以利用自拍设置，延时曝光，以减少震动，提高拍摄质量。此外，还可以将感光度设置提高为 400 或 800。

我来解释

根据我的观察，北京地区的石灰岩山地不像桂林那样有着很多细高的峰林，而是在山的上部出现峰丛、峰芽，在河谷地区则常常形成狭窄的谷地，甚至是"一线天"。其原因主要是北京地区降水量少，而且水质为偏碱性，与南方的偏酸性降水相比，不利于石灰岩的溶蚀，因而溶蚀速度比较慢，石灰岩山体地貌大多处于溶蚀的初级阶段。

最近数亿年，北京的地势呈阶段性抬升，地下水位随之下降。在石灰岩厚度、层位等条件适宜的地区，常形成多层溶洞，如石花洞、云水洞等，都有六七层大型溶洞。与溶蚀条件正好相反，由于水质更有利于碳酸钙的沉淀，在北京的溶洞中，沉积物更多，且沉积类型更丰富多样，不仅有常见的石笋、石钟乳、石柱、石帘、石幔，还有千姿百态的石花和形态独特的石盾。

此外，由于地下水位比较低，北京的溶洞大多没有地下河，而南方许多溶洞存在着地下河，甚至可以在其中行舟，如江苏宜兴的善卷洞、湖南张家界的黄龙洞、江西彭泽的龙宫洞、广东肇庆的七星岩等。

科学课堂

岩层与地下水

岩层有透水和不透水之分，正因为如此，才形成了地下水层。当一层富含孔隙的透水层下有一层不透水的岩层时，那不透水的岩层就成了隔水层，使水不再下渗，而累积在透水岩层中，形成含水层，这就是地下水。

当一个含水层只有下面有隔水层时为潜水，上下都有隔水层时就是承压水了。承压水很少受地面污染影响，水质更优。当隔水层有裂隙时，会出露成泉。

调查郊区县带"泉"的地名，看看那里是否有泉水出露？泉是从什么岩层中涌出的？

对于已经没有泉水涌出的地方，访问当地的老人历史上是否有泉水，寻找泉水涌出的地点，看看是什么岩层。

我国著名的石灰岩溶洞

我国南北方都有一些著名的洞穴，其中大部分都是石灰岩溶洞。石灰岩溶洞的最大特征是里面会有各种石灰岩溶蚀和沉积形态，主要包括钟乳石、石笋、石柱等。

石灰岩溶洞比较多的省份包括贵州、云南、广西、湖南、江西、江苏等，著名的溶洞有贵州贵阳地下公园、铜仁九龙洞、镇远青龙洞、安顺龙宫洞、广西芦笛岩和都乐洞，江苏善卷洞和庚桑洞，江西龙宫洞，湖南黄龙洞等。

北京房山区是石灰岩集中分布区之一，有典型的石灰岩地貌地表和地下的形态，地表形态主要分布在十渡一带，地下溶洞已经探明的有 100 多个，其中规模较大的包括石花洞、银狐洞、上方山云水洞等著名洞穴。此外，石经山藏经洞、周口店猿人洞也是著名的石灰岩溶洞。2006 年，房山独特的石灰岩地貌等地质遗迹作为一个整体被列为世界地质公园。

漏水的石灰岩还使其成为多泉水的地区。由于石灰岩的孔隙很微小，流水经过石灰岩的过滤，常形成优质的矿泉水，如著名的玉泉山泉、万佛堂泉等。

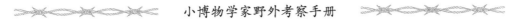

图 4 - 5 - 1　露天矿坑

五单元　走进矿山

活动内容

在矿山或运送矿物的火车经过的铁路边观察矿物。

活动准备

查阅相关资料，了解附近是否有矿山或大型重工业企业。

查阅地图或相关资料，了解附近是否有经常行驶货车的铁路线。

还可以先到地质博物馆参观一下，了解各种矿物和矿产的形态特征、产地、形成条件等。

观察点拨

有用矿物常常是埋藏在地下的，但也有一部分就存在于地表，所以采矿有露天开采和矿井开采两种类型。露天开采比较容易观察，井下观察要弄清楚矿产的状况有一定难度。最好先选择露天矿进行观察。

铁矿和煤矿是最主要的矿产，又是我国北方地区广泛分布的矿产，容易观察。

在矿山，我们常常可以看到不同的料堆，有原矿石、初选矿、尾矿、矿渣等，要注意观察，学会辨别。不同的矿产，由于品位的高低差异很大，原矿石和初选矿的差异也会明显不同。有些矿产如煤矿，品位一般很高，原矿石就是可直接利用的煤；而另一些矿产如金矿，一般品位极低，原矿石根本就看不出黄金。

问题

磁铁矿和赤铁矿有什么共同特点？它们的区别又有哪些？

国家矿山公园

我家有一小块赤铁矿，是多年前爸爸在铁路边捡到的。小时候，我曾经用磁铁去试着吸过它，一点反应也没有。我很好奇，为什么磁铁不能吸引赤铁矿？爸爸告诉我，能被磁铁吸引的铁矿石在北京密云县东部的山里可以找到，那里有一座曾经很繁荣的铁矿——沙厂铁矿。

早就听说沙厂有一种特别的花岗岩——斜长环斑花岗岩，为了看一看能被磁铁吸引的另一种铁矿石，同时也希望能在那里找到几个比较好的花岗岩石球，我去了沙厂铁矿。

据资料记载，沙厂铁矿开采的历史已经有 2000 年，储量达 1 亿多吨，是北京最大的铁矿。

从京承高速密云东出口向东约 10 千米，过了豆各庄，就可以看到铁矿的路标。如今许多矿山都不能随便参观，我真怕进不去呢！没想到，到了矿山的大门，就见上面赫然写着"首云国家矿山公园"。我松了一口气，既然是公园，肯定可以参观了。

正对大路是一座由铁矿石堆叠而成的假山，人工瀑布源源不绝，由此也可见这里的铁矿石之多了。

沿着狭窄的盘山道上山，按着路标的指引，我们直奔采矿点。山路陡而且弯大，迎面还会碰上满载矿石的翻斗车。司机换上了二挡慢慢往上爬，转过两个胳膊肘弯，一个路标引起了我的注意——观景台。

这是一块宽阔的平地，看样子可以停放下数十辆大车，平地上还有人工种植的美丽花草。观景台上有水泥柱搭建的凉棚，穿过凉棚，有一道坚固的铁栅栏从两侧的山上一直延伸下来。走到铁栅栏边，壮观的景象让我惊呆了！这里真是一个理想的观光点，采矿场尽收眼底。

这是一个巨大的坑，上大下小，明显分为三层。最底部的一层还有一些泥水，几台黄色的铲车正在忙碌地工作着，几辆红色的翻斗车则排成整齐的一行，似乎是在等候装运矿石，那高大的铲车和翻斗车看起来就像小孩子的玩具一样。

第二层也有几台铲车在工作，最上面的那层则是几栋小房子，坑沿边则有更

多的房子。

一条道路沿着坑壁边缘盘旋而下，一直到坑底，一只甲虫样的红色小轿车正沿着这车道向上爬。这就是露天矿的采掘矿坑。

从底部车辆的大小估计，矿坑的深度有七八十米。坑壁的颜色是一段黄褐色，一段灰白色，中间还夹着大块的深灰色，我想那应该就是铁矿带了。

沿着山路继续前行，很快我就看到了高大的矿石堆。近距离观察铁矿石，可以看到其中有密集的黑色闪闪发亮的颗粒，还有一些白色的颗粒混杂其中，有时还有一些肉红色的透镜状矿物。用放大镜可明显看清楚，那黑色的是方方正正的矿物小晶体，用小磁铁接近它，小磁铁马上就粘在上面了，是磁铁矿。白色的颗粒呈半透明状，用小刀试一试，刻不动，是石英。石英和磁铁矿共同组成了原矿石——磁铁石英岩。肉红色的就应该是正长石了，它们是后期岩浆活动的产物，也是磁铁矿富集成矿的主要因素，矿坑壁上看到的黄褐色的部分应该就是它了。

据说这个矿坑再过一两年就要结束它的铁矿开采，届时，它将完全作为一个矿山遗址公园供游人观赏。因此，我这次没有下到坑底去参观。

由于原矿石中含有比较多的石英，这里的铁矿品位（含铁量）只有30%左右。为了获得更纯的铁矿石，原矿石在矿山要经过初选。

在选矿厂，我们看到原矿石被粉碎，然后由传送带输送到一个高大的圆柱形厂房中，那里就是磁选厂了。磁选法是利用磁铁矿的磁性，将原矿石筛选成含铁量达2/3的铁精矿粉，这样的矿粉只要简单加工成球团，就可以直接炼钢了。

据说这里的矿石中还伴生其他一些有用金属矿物，我想到附近的矿渣或尾矿场去看一看是否能有什么发现。

路边有一个废料堆放场，看样子很少有人来这里。一些碎石料散乱地堆放着。在这里，可以看到铁矿石含量比较少，而石英含量比较多的磁铁石英岩，还可以看到风化比较严重，一碰就碎成粉末的片麻岩。阳光照射下，我好像发现了"金矿"。地上一块岩石中有许多金黄色的、闪闪发光的小颗粒，用放大镜仔细观察，它的表面还有一些平行的纹路，原来是黄铁矿。

观察、记录

选择一座正在开采或已经废弃的矿山，在采掘过的工作面附近进行观察，看其中是否还留有有用矿物。

在开采出来的矿堆或筛选后的矿渣中观察，你是否能发现其中的有用矿物？

记录你观察到的情况，并将你认为有价值的情景拍摄下来。

提示

在矿山中，并非所有的有用矿物都能被全部利用，利用率的高低不仅取决于矿物的富集程度（品位），还取决于筛选的难易程度。因此，在矿山，我们不仅在矿石堆中可以见到有用矿物，在废弃的采掘面上，以及剥离的盖层、矿渣、尾矿等中，都有可能发现少量的有用矿物。

我来解释

区分赤铁矿和磁铁矿

赤铁矿和磁铁矿虽然都是铁的氧化物，但由于形成条件和晶形的不同，在磁性上有明显不同的表现。赤铁矿形成于沉积岩中，矿物晶体为菱形六面体，没有磁性或磁性很弱，磁铁一般不能吸引它；磁铁矿形成于基性岩浆岩或变质岩中，矿物晶体为立方体，有强磁性。

延伸活动

除了在铁矿可以见到铁矿石以外，你知道在哪里还能见到含铁矿物吗？到煤矿进行一次调查或采访，你会有所发现。

科学课堂

有用矿物和矿产

人类目前可以利用的矿物被称为有用矿物。有用矿物在地表或地下比较浅的深度聚集，可供人类开采利用，形成矿产资源。

组成矿产的岩石被称为矿石，矿石的质量高低以品位来衡量。

矿石的品位：矿石中有用成分的含量。对于不同的矿石，单位不尽相同，有％、克/吨、克/立方米等。如铁矿石、铜矿石等含量比较高的矿石一般是以％

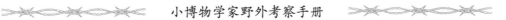
表示，金、银、铂等贵金属则一般用克/吨表示。

品位高的被称为富矿，低的称为贫矿。对于不同的矿石，富矿和贫矿的标准也不同。铁矿石只有达到了50%才能算是富矿，30%就是贫矿了，必须经过选矿富集，才能用于炼钢，低于20%的一般就没有开采价值了；而铜矿的品位达到0.5%就具有开采价值。

含铁矿物和铁矿石

铁是地球地壳中含量最丰富的金属元素。含铁矿物有300多种，以氧化物、硫化物和硅酸盐、铝硅酸盐、磷酸盐等化合物为主，其中被用作提炼铁为主的铁矿石主要都是铁的氧化物，包括磁铁矿、赤铁矿、镜铁矿、褐铁矿、针铁矿等，只有菱铁矿是碳酸铁。

一些铁矿石伴生其他有用金属元素，如黑锰矿、铬铁矿、钛铁矿、钒磁铁矿等，含有锰、钒、铬、镍和钛等有用金属元素，可在提炼铁的同时综合利用其他金属。

硫的存在会大大降低钢的品质，要在炼铁炼钢的过程中除去硫又非常困难，因此铁的硫化物形成的矿石如黄铁矿、磁黄铁矿、白铁矿和黄铜矿等不作为铁矿石开采利用。

图 4 - 6 - 1 风动石

六单元 大自然的鬼斧神工
——岩石奇景

活动内容

观察岩体的形态，探寻悬崖、峭壁以及奇特的岩石景观的成因。

活动准备

查阅当地地图、资料或网站，了解附近有哪些著名的高山峡谷风景名胜区，以及比较奇特的岩石景观。

观察点拨

在山区，我们经常会看到许多岩石都存在天然的裂隙，还可以发现岩层的整体断裂及错位移动——断层。

岩层常常会倾斜一定的角度，而且岩层有时是不连续的。

各种奇特的岩石景观与岩石类型、地势高低、地质历史变迁，以及温度、风、水、土壤、生物等因素都有着密切的关系，要注意岩石表面显示出来的特征，同时要关注周围环境条件。

问题

悬崖和峭壁是怎样产生的？

如何辨别大自然中奇特的岩石景观的岩石类型？

大自然中奇异的岩石景观是怎样形成的？

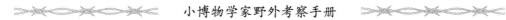

跟我来

奇峰异石掠影

在许多山区自然风景区中，都有一些形态怪异的山石。它们有的形似人形，有的酷似动物，还有的危岩峭立，摇摇欲坠，围绕它们总有不少神话传说。可我们知道，这些奇异山石其实都是大自然的杰作。

在海淀凤凰岭自然风景名胜区，有一个玉兔石。此石形体巨大，形态逼真，恰如一只兔子俯卧路边。传说当年嫦娥携玉兔途经此处，将玉兔放在沟内清凉的山泉边饮水。玉兔看到有几只野兔在草丛中嬉戏，就忍不住跑过去与它们一起玩耍，忘了时间，因而没能跟嫦娥一同返回月宫。此后，玉兔就一直俯卧在这里，等待主人来接它回去。

其实，那玉兔石不过是花岗岩经风化而形成的。花岗岩风化有几种主要形态：

陡壁：由节理而形成的。花岗岩由于其内部成分的差异常形成自然裂隙——节理，一般有几乎相互垂直的三组。节理把出露地表的岩石分割成大大小小的块。如果这些岩石位于高处，当它们完全与岩体分离时，就可能滚落到山谷，岩体上就留下了陡峭的岩壁；而那些没有被完全分裂的就成了孤岩，有的就成了摇摇欲坠的风动石。

球状：由矿物随温度变化胀缩，加上水与空气等作用形成。花岗岩由颜色深浅不同的几种矿物组成，在阳光的照射下，由于不同颜色的矿物吸收热量的差异，使其内部温度不同而导致了膨胀不均匀而破碎，使原本方方正正的岩石逐渐失去了棱角，这就是花岗岩地区坡地上多圆形巨石的原因。

正是节理先将岩石切割成玉兔的身形，球状风化再将其边角修饰得圆润可人，这才成就了玉兔石。其实，玉兔石必须要从山上向下看才像。从山下看上去，它不过是一块有着多条纵向节理、顶部圆润的巨石而已。

在十三陵最北的泰陵的西北方向，有一道山谷，山谷的尽头就是碓臼峪。

走进碓臼峪，山谷渐窄而成峡谷，谷中巨石嶙峋，一泓溪水蜿蜒而下，两侧山峰高耸，岩壁陡峭。

从岩石的特征来看，碓臼峪以花岗岩为主，但是山体上部的球状风化不如凤凰岭典型，岩石上部常常带有大面积的竖直平面，把岩石切割成方方正正的形状。

这里的花岗岩为什么是这种形态呢？

沿着山谷前行，仔细观察两侧的岩石，渐渐地，我发现了其中的奥秘。

山崖上，巨大的岩体裂隙比比皆是，有的甚至从山顶一直延伸到了谷底。岩石正是沿着这样的裂隙分崩离析，坠入山谷而形成峭壁的。山谷中堆叠的那些巨大的砾石更证实了这一推断。

溪水冲刷着山谷中的巨石，也在不断地掏蚀着山脚。当山脚被掏空，带有垂直裂隙的岩石因失去了稳定性而坠落。如果山体顶部岩石的垂直裂隙不发达，同时又带有一些水平裂隙，下部的岩石坠落了，而上部的岩石还保留了下来，就形成了悬崖。

在碓臼峪沟口山坡上，有一块风动石（图4-6-1）。它斜依在岩壁上，似乎只有很小的部分与岩体相连，令人称奇。

碓臼峪峡谷之中，还有一个虎头岩，更是威风凛凛，惟妙惟肖。

其实，那风动石和虎头岩也都是花岗岩节理加上后期的风化作用而造成的。

与花岗岩类似的多节理并有球状风化特征的还有闪长岩。地质学将闪长岩与花岗岩作为一个大类，其主要区别是，闪长岩含有比较多的暗色矿物，看起来颜色比花岗岩灰暗。

昌平银山一带就主要是闪长岩。在山坡和山顶一带可以看到许多圆形的大石头。

奇巧的岩石并非花岗岩类独有，火山喷发出的玄武岩，有独特的六方柱状节理，深海沉积的石灰岩，有垂直于岩层的裂隙，都可能形成形态奇异的岩石自然景观。还有陆地沉积的沙砾岩质地坚硬，其经过构造运动，断裂加节理的切割也会形成奇特的地貌景观——丹霞山。

不过北京地区没有典型的丹霞地貌，玄武岩也比较少见。

北京最著名的玄武岩岩体是香山主峰——香炉峰。只是由于那里登山的游人太多了，地表风化物非常厚，只有在山顶附近才能很好地观察那些突兀的岩石。

此外，八大处、百花山等地，也有少量玄武岩。

北京地区还有另一种喷出岩——安山岩形成的奇特景观。在海淀区北安河西边的群山之间，两峰突兀，远观恰似振翅欲飞的巨鹰，那就是鹫峰。鹫峰不高，只有465米，却很陡峻。形成鹫峰的岩石是侏罗纪的火山凝灰岩。火山喷发时，大量的火山灰与碎屑被熔岩凝结在了一起。这火山岩就属于中性的安山岩。

安山凝灰岩坚硬，与基型的玄武岩不同，它的节理为两组，呈 X 形相交，风化常形成突兀的山峰和陡崖峭壁。鸳峰以及附近的奇峰怪石，如鹰嘴石等，大多是它们的杰作。

京西高峰百花山主要也是侏罗纪火山喷发的产物。那里的安山岩是多次喷发的由不同类型熔岩流形成的安山岩，其流纹和气孔明显可见，也有含大量棱角分明的砾石的火山角砾岩，还有与鸳峰类似的火山凝灰岩。

除了天然岩石景观以外，一些特色鲜明的岩石，如火山熔岩、太湖石等，以及一些具有奇特性质的岩石，如上水石，还常被人们直接利用或稍作加工，用于庭院造景和盆景。不过除了上水石、石灰岩等少数品种以外，北京园林造景的假山石更多的还是来自全国各地。

图 4－6－2　岩石的节理

观察、记录

选择一个有危岩峭壁的山区峡谷进行观察，寻找奇特的自然岩石景观。记录岩石的类型、特征；探索其形成原因。

将你看到的有特色的山体形态画成素描图，或拍摄岩石照片。

> **提示**
>
> 拍摄少有植被的岩石要注意利用光和阴影，适当的阴影能更好地展示岩石的个性特点。
>
> 岩石景观从不同角度看可能差异很大，要尽可能从多个角度观察。

我来解释

根据我的观察，悬崖和峭壁是由岩石的裂隙在流水的参与下形成的。

在野外，我们常常会看到另一种类型的山，它的一坡比较平缓，而另一坡相对陡峻。仔细观察，会发现平缓的一坡常常与岩层的延伸方向近似，而陡峻的一坡常常是岩层断开的部位。这种峭壁可能是由断层造成的，也可能是由于弯曲的岩层顶部裂隙比较发育，在流水等的作用下，加速侵蚀形成的。

岩石形态与岩石类型

自然形成的奇巧岩石形态与岩石类型密切相关。花岗岩等岩浆岩由于质地坚硬，节理发育，常形成奇峰峭壁。

花岗岩矿物颜色的差异使其在长期风化过程中棱角变得很圆润。在野外看到颜色较浅、外形圆润的巨大石块一般都是花岗岩。

科学课堂

北京的断裂带

断裂带是地层相对破碎，容易发生断层、地震等地质灾害的地带。北京属于断裂带比较发育的地区，有东西向、北东向、北北东向、北西向及近南北向五组断裂带，其中东西向和北北东向规模最大，其次是北东向断裂。

东西向断裂带位于北部山区，最显著的有三个断裂带，包括怀柔长哨营—古北口断裂带，密云沙厂—墙子路断裂带和平谷断裂带。

北北东向和北东向断裂遍布全市，主要有紫荆关—大海坨断裂带、沿河城—南口断裂带、八宝山断裂带、北京—密云断裂带、南苑—通县断裂带、永乐店—

夏垫—马坊断裂带等。这一组断裂带历史上曾发生过多次破坏性大地震。

北西向断裂主要有永定河断裂、南口—孙河断裂、德胜口—小汤山断裂和二十里长山断裂。

颐和园青芝岫

在颐和园乐寿堂院中，有一块巨大的石头置于雕花的石台上，它就是有着传奇身世的青芝岫。

这块石头是明朝太仆米万钟在房山发现的。米万钟爱石如癖，他用冬季掘井泼水结冰的方法搬运此石，想将其移至勺园。无奈运至良乡时家产耗尽，只得弃置路旁。后来，乾隆皇帝在去西陵祭祖回程中遇到它，命人将其运到了清漪园。

青芝岫长 10 米，宽 3 米，高 5 米，重 20 余吨。为泥质条带灰岩，色青而润，层理清楚，上有两组裂隙及较多孔洞。

图 4 - 7 - 1 冰斗及角峰

七单元 远古的冰河

活动内容

寻找冰川留下的痕迹。

活动准备

查阅资料，了解什么是冰川，附近哪些地方可能有冰川遗迹。

观察点拨

冰川在大地貌上会形成形态独特的 U 形山谷、棱角分明的刃脊、角峰和深陷的冰斗，山谷中还可见堆叠的石海，微地貌上可见带有钉子头样的冰川擦痕。大地貌比较容易察觉，但要注意综合分析各种形态的组合。微小的擦痕比较难确认。

问题

仅有 U 形山谷而没有其他地貌特征，能确认是冰川形成的吗？

跟我来

太白山——我梦中的冰川遗迹

你听说过冰川吗？你知道什么是冰川吗？你又知道古代的冰川给我们留下了些什么吗？

教科书上写着：冰川有着巨大的侵蚀力量，能在山岩上挖掘、刨蚀，把像房子一样大的石块搬到很远的地方……

那年"五一"长假，几个朋友相约去穿越太白山。那是我第一次做驴友，背着3天的干粮和一应生活用品，包括卧具去登山。行李沉重，旅途艰难，但也收获颇丰，因为在那里我见识到了最典型的第四纪冰川遗迹。

从太白山南坡1400多米处的铁甲树开始徒步登山，经过一天多的行程，翻过好几座山梁后，在第二天上午，我们到达了海拔3200米处。这是一个地势开阔的宽谷，远处看起来是绵延不绝的一个大山梁，主峰已经遥遥在望了。走了没有多久，高度也就上升了100多米，就见一大片山间平台出现在面前。平台的后部是一个美丽的冰湖，湖畔有鳞次栉比的巨大石块，这是我们见到的第一个高山平湖——玉皇池。走近了看，池面南岸边已经有很小部分化开了，水是那么的清澈透明。冰面上厚厚的积雪没有留下一点人走过的痕迹，显得那么的宁静、那么的超凡脱俗……

当时，我只顾欣赏它的美貌，享受湖水的清冽，还没有意识到这就是冰川的杰作。

再向湖的上方行进，坡度开始变陡。没走多远，就到了高高的山腰。回望玉皇池，好圆的一个湖啊！大家开始讨论这湖的成因，有人说是火山喷发形成的，但一看岩石都是花岗岩类，马上就排除了火山的可能。走着走着，我忽然感觉到这应该是冰川挖出来的坑，你看它周围的地形，三面被陡坡环抱，我们刚刚走过的那段陡峻的布满巨石的岩壁不正是寒冻风化的产物吗？剩下的一面是山谷的出口，沿着山谷向下望，山谷呈现明显的U形。湖的出口处还有一道不高的"坎"，正像冰斗前面的岩坎。一个多么典型的冰川刨蚀而成的冰蚀湖呀！再回想我们刚才在湖边洗脸的那个地方，那布满岸边的大大小小有棱有角的石块不正是冰川携带的冰碛吗？

我想起了登上这座山梁之前的那一片宽广平缓的谷地，那不也是典型的冰川U形谷吗？刚才怎么没有想到呢？否则我是绝不会忘了仔细看看那里的沉积物的。想到这里，我好像忘记了劳累，就想快一点上去，看看上面还有些什么能证实冰川曾经存在过的"证据"。

走了不到一个小时，第二个台阶出现了，又是一座冰湖——三爷海（三太白池），形状与玉皇池大同小异，只是海拔又高了100多米，冰面一点都没有解冻，背阴的地方还有厚厚的积雪，最深的地方有1米多。又是一个冰蚀湖。

海拔超过3600米处，有第三座冰湖——二爷海（二太白池），它是冰川的发源地——冰斗。再向上，就是太白山顶峰——拔仙台（3767.2米）。资料显示，它是一个角峰，但看起来并不典型。

站在顶峰上，视野开阔，周围的群山一览无余。俯瞰最高的一座冰湖——大爷海（大太白池），形状也是圆圆的，又一个冰斗。站在大爷海一侧的陡壁上，可以看到在它的上方，还有一大片谷底为弧形的低洼地。也许那就是雪线升高，冰川后退时最后的粒雪盆，还没有挖掘成冰斗就冰消雪融了。再看对面的山峰，还有点刃脊的模样，而大爷海对面山谷那圆滑的谷底，让人觉得好像看到冰川刚刚从这里流过一样。

下山以后，在西安碑林我们看到了一块明代"太白山全图"碑刻，上面刻了太白山的山体风物，以及各点之间的里程，有些点在今天的图上已经找不到了，但图上标出的6个湖池现在至少还留下了5个。文字记述"……清湫庙上至三清池共计二百七十里……玉皇池大十五六亩至三清池十五里／三太白池大数余亩至玉皇池十里／佛池至玉皇池十里／二太白池至三太白池五里／大太白池大三十余亩至二太白池十里……"佛池不知在何处，但是剩下的5个湖池都是冰川留下的遗迹。除了三清池在终碛附近我们没有看到以外，其余4个都是在山顶附近，而且大都在南坡，只有最高的大爷海在北坡。这大概是南坡的降水量比较丰富，雪线开始比较低，然后随着温度的上升逐渐升高的缘故吧。

其实，在太白山南坡，我们刚刚开始登山不久，就已经看到冰川遗迹了。那山上一列列的巨石阵，当时我没有仔细观察。但是，在照片上仍旧能感觉到冰川作用的痕迹。你看那些石块大小混杂的排列形式，以及它们棱角分明的形状，与其他花岗岩地区的岩石完全不同。看着它们，就好像看到了冰舌在那里向下延伸……

回家以后，找出李四光先生的《天文 地质 古生物》，有关第四纪冰期的章节是这样写的："在某些高山地区，还存在着发生过四次冰期的遗迹，估计最近一次冰期的遗迹被保存下来的年代至多不超过10000年。最后一期发生的冰流，大部分停留在高山的上部，随着气候变暖，冰盖逐渐收缩。最后，冰流发源场所（普通称为冰窖*）屯积的冰层也完全溶解了，于是在高山顶上形成湖泊，一般称为天池。在陕西太白山顶，就有几个天池。估计冰层完全消失，这种地貌出现，不过是几千年以前的事……"原来太白山顶的这些湖早就被当做最典型的第四纪冰川遗迹记录在案了。正是因为冰川的完全消融只是几千年以前的事，所以，这里的冰川遗迹太容易让人感觉到了。看来以前读书读得还是不够认真，早知道这里的冰川遗迹这么典型，就该先到太白山来了。

　　*注：冰窖——现在专业书中一般称为"冰斗"。

图4-7-2　冰斗

观察、记录

在附近山区进行一次观察，注意山谷及山峰的形态，以及谷地中的堆积物特征，思考它们的形成原因。把一些有代表性的地貌特征拍摄下来。

我来解释

U 形谷虽然是冰川的典型地貌，但不是冰川留下的唯一标记，必须同时存在冰斗、刃脊和一定的冰碛物堆积，才能确认冰川曾经存在过。

科学课堂

第四纪冰川之争

在地球历史上，冰川曾经广泛存在过，只是因为年代久远，大部分冰川遗迹都被风雨侵蚀，没有留下多少痕迹，只有最近一期冰川——第四纪冰期末期（距今约 10000 年）留下的遗迹被比较好地保留了下来。科学家长期以来争论的也是第四纪冰川分布的范围。

冰川根据形态、规模及其所处的地形条件分为四种类型：高原冰川、山岳冰川、山麓冰川和大陆冰川。现代冰川中，南极属于大陆冰川，我国青藏高原及新疆西部北部存在部分高原冰川和山岳冰川。

U 形谷、冰斗、刃脊和角峰等是山岳冰川的地貌特征；高原冰川和大陆冰川没有这些地貌形态，只能从地面的一些起伏形态和一些寒冻风化形态等特征追溯冰川的足迹，主要有冰蚀洼地、冰碛、羊背石、冰臼等。

在我国内蒙古东部赤峰到锡林郭勒一带的高原山地地区，分布有大量的湖群和冰臼地貌，其形成有可能与第四纪冰川相关。

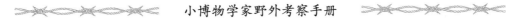

图 4－8－1　珊瑚化石

八单元　会讲故事的石头
——岩层和化石

活动内容

观察岩层的形态、结构、组成成分。寻找化石和其他地质遗迹，尝试重塑它们当年的景象。

活动准备

查阅当地地图，了解附近有哪些比较高的山。

观察点拨

宏观上注意观察岩层的厚度、倾斜角度、延伸方向等；岩石的细部特征主要有颜色，其中物质的成分、颗粒大小、颗粒是棱角分明还是比较浑圆、颗粒分布是比较有规律还是无规律可循等。

在层与层交接的层面上，常可能发现小型动植物化石或其他地质遗迹。在古老的元古界石灰岩中，常可见原始的微体生物化石——叠层石。它们是由小到只能用显微镜才能分辨出单个个体的藻类组成的集合体。它们以不同的形式一层层地堆叠，贯穿了厚厚的岩层，形成各种独特的形态，如锥状、柱状、杯状、丘状，乃至分支呈树枝状等。

问题

为什么有的岩层是水平的，有的岩层是倾斜的？
什么样的岩石中有可能保存化石？

延庆硅化木国家地质公园

在北京延庆千家店，有一个闻名中外的化石公园——硅化木国家地质公园。2006 年春天，我慕名到那里进行了一次考察。

从千家店沿着白河谷地向东，到下德龙湾，有一片比较宽阔的水域，北岸的山峦之间就是木化石群的集中分布区。

这是一个北高南低的环形山谷，目前发现的 57 株大型硅化木就分布在半山之间。当时，地质公园为了保护这些硅化木，正在修建亭子，如图，每一个亭子下面就是一棵直径超过一米的粗壮硅化木。

从山谷的西侧上行，第一棵粗壮的木化石直径有一米多，出露地面的部分只有不足一米，树形已经很不完整，树皮几乎没剩下多少，旁边还可以看到大块化石的碎块。估计是因它的位置太靠近山口，而成了猎奇者的第一个受害者。也许是由于其中的成分已经完全被硅质取代，硬度很大，一般人很难敲碎它，才没有被完全破坏。

上到第二个亭子，里面是一棵一人多高、直径约 2 米的木化石。它的表面发黑，好像变成了煤一样。这让我想起了煤也是树木变的，可是这些大树为什么没变成煤而变成了硅化木呢？

仔细观察化石周围的岩石，主要是一些黑绿色的砂岩、页岩，而且岩层大多明显扭曲变形，及至再登高一些，山坡上可见与白河堡水库那里看到的相似的火山角砾凝灰岩。我明白了，正是火山的突然喷发毁灭了这一片茂密的森林，火山熔岩及火山灰形成的这一层覆盖层隔绝了空气，使树木来不及腐朽而保持着原来的面貌。以后，周围岩石中的硅慢慢取代了树干中原有的碳，就形成了坚硬的硅化木。

沿着山谷向上，继续观看路边的一株株化石。它们有的挺直矗立，有的斜卧，还有的完全躺倒在地上；小的直径约有 40 厘米，大的直径可达一两米；大部分出露地表的部分破损都比较严重，也有几株化石的表面可以清晰地看到树干上的木纹。在那株躺倒的化石断面上，我还看到了比较清晰的年轮。

山谷低处的那间房子是公园的展览室，里面展示了大量图片，还有一些化石标本。最棒的是那个已经完全玛瑙化了的树墩，被放在一个专门制作的木架上，实在是太漂亮了。它应该是这里最珍贵的一个木化石标本了。

这些巨大的化石经专家鉴定是繁盛于侏罗纪的原始松柏类植物，从我们观察的一些化石也可以感觉到有些像古柏中的纹路。

图 4 - 8 - 2

观察、记录

选择一个可见明显岩石层理的区域进行观察，记录岩层的各种信息，试着寻找化石和其他地质遗迹。

当感觉有足够的信息时，可以试着描绘一下当时的自然景观。

提示

可以用素描的方式重塑历史景观，也可以用散文或科幻的形式描述你想象到的景观。如当发现海相波痕和藻类化石时，可以画一幅浅海景观图；在泥质页岩中发现了贝类、鱼类化石时，可以画一幅湖盆景观图等。

我来解释

水平与倾斜的岩层

在地球岩层形成的时候，大多是近似水平的。然而，随着时间的推移，岩石会受到各种力量的作用而发生变形。地下的岩浆活动会将岩层拱起，岩层受到挤压产生的褶皱也会使岩层陡立起来。岩层的变形倾斜也会形成山，而且倾斜的岩层为外力侵蚀创造了有力的条件，使我们能看到更多埋藏在下面的岩层。

可能保存化石的岩石

岩浆岩来自地球深层，那里是高温、高压的环境，连石头都熔化了，生物更是难以生存。

变质岩是岩石在各种变质作用下，结构发生了变化，矿物成分重新结晶形成的。即便其中原来存有化石，由于变质作用破坏了岩石原来的结构，也难以保存完好的化石形态了。

沉积岩形成于水下或陆地，其中可能埋藏比较多的生物遗骸，在适当的条件下就会形成并完整地保存化石。

最古老的生物群体——叠层石

海相沉积岩中往往会有海洋生物的化石。在古老的石灰岩中，一些极其微小的海洋生物——硅藻会集群出现，形成带有纹路的石头——叠层石。

热河生物化石群

北京丰台区与房山区交界的大灰厂——坨里地区是北京地区白垩纪沉积地层唯一的出露带。在世界各地这一时期的地层内，已经发现了恐龙化石、鱼类、叶肢介、介形类、昆虫、双壳类、腹足类等动物化石及植物与孢粉化石，为典型的热河生物化石群。

大灰厂地区在那一时代为河流、湖泊，附近还有过火山喷发，常见化石主要有戴氏狼鳍鱼、东方叶肢介和三尾拟蜉蝣三种。

延伸活动

化石是比较稀有的，要认识真实的化石，可以先到博物馆去。北京自然博物馆、地质博物馆、古脊椎动物和古人类博物馆、周口店猿人博物馆等处都集中展示了多种化石。此外，北京古老的皇宫和园林中，也收藏了一定数量的奇石，其中也有一些化石，如故宫博物院的御花园中展示的奇石中就有一块硕大的珊瑚化石。

九单元　水滴石穿
——瀑与潭

活动内容

观察龙潭的形态特征，探索其形成原因。

图4－9－1　瀑布

活动准备

查阅当地地图，寻找附近有哪些带龙潭的地名。

观察点拨

龙潭的形成与流水有着密切的关系，同时与地形特征密不可分。要注意龙潭周围的山体形态、水的流速，特别是瀑布的高度和水量的多少。

问题

瀑与潭是什么样的关系？

白龙潭与黑龙潭

唐代著名诗人刘禹锡有一名篇《陋室铭》："山不在高，有仙则名。水不在深，有龙则灵。"

龙是古人想象出来的动物，但是与龙有关的传说都与水相关。为了一探龙潭的成因，我来到了密云。

在密云水库的东边和西边各有一个叫龙潭的地方，东边的叫白龙潭，西边的叫黑龙潭。传说黑龙和白龙本是亲兄弟，住在龙潭山，长大之后分家，哥哥黑龙搬到了西边的四座楼山古楼峪峡谷。

白龙潭自宋代以来就开始建造寺庙，900多年来，这里已经成了京郊一处集自然山水和古建园林为一体的风景名胜区。

穿过富丽堂皇的建筑群，沿着石阶路向上，我们来到了一座宽大的堤坝之上。从高高的堤坝向山谷上方看，是一片宽阔的水域，这就是大坝拦蓄溪水形成的高峡平湖。向大坝下方看，有些眩晕，一个深达数十米的陡立岩壁，底部是一个壮观的圆形深潭，这就是白龙潭的第一潭，是最大、最深的一个潭，也是现在唯一可见的潭。

白龙潭原有三个潭，现在下面两个潭都被水库淹没，只剩下最上面的这个潭可供我们观赏。由于堤坝拦住了水流，我们只能在浅色花岗岩上留下的黑色痕迹中追寻流水以往的足迹了。

在白龙潭没有看到真龙，只看到了堤坝上的雕龙。我们转而来到了黑龙潭。

黑龙潭一带的四座楼山也是花岗岩山体。由于古楼峪峡谷山高路险，特别是沟口的峭壁高达20多米，陡峻而狭窄，仅容一道瀑布飞流而下，过去没有路，很少有人能亲眼一睹其真面目。直到20世纪80年代，修建了登山天梯，这道峡谷中的瀑布群才开始逐渐被人们了解。

从鹿皮关公路边沿着山崖修建的栈道入谷，就可以看到沟口那壮观的瀑布。水流从近80度的峭壁上倾泻而下，中途遇到三个小坎而稍作回旋，然后直泻潭中，激起一片水花。那里是第一个水潭——黑龙头潭。这瀑布正像刘禹锡笔下的龙，正是这飞泻的水龙造就了其下的潭。

据说雨季时，瀑布更加壮观，水会从崖顶喷涌而出，直落潭中。现在雨季已过，瀑布显得温和多了。

攀天梯向上到瀑布顶部。从上面看潭水，远处浅黄，还可见凸出水面的大石头；而近处深绿，水深不见底。

入谷之后，前面是曲径通幽，山谷曲折而狭窄，谷底却比较平缓。行走其间轻松自如，如履平地，水流也缓慢多了。

峰回路转处，谷底又呈现出阶梯式上升，一对姊妹潭出现在眼前。大的姐姐沉在下面，小的妹妹悬在上面，它们被人们命名为沉潭和悬潭。不过这两个阶梯落差不大，潭似乎也不怎么深。

过了悬潭不远，就感觉山谷中的水声渐大。转过一个山弯，谷地变宽阔了，一座更高且宽的陡立岩壁呈现在眼前，一股飞瀑从那接近垂直的峭壁顶部坠落谷底。它就是通天瀑，下面的潭被称为落雁潭。

通天瀑的高度估计有 30 米，落雁潭也比前面的几个潭大了很多。

在岩壁的北侧山腰，有一个山洞，沿着人工修建的陡峻石阶到达山洞。从半山上看水潭，与头潭相似，潭水边上浅而可见底部的石头和水草，岩壁附近的地方则只能看到碧绿的、深不见底的池水。

翻过瀑布这道山崖，继续向前走，峡谷中接连不断地向我们展示形态各异的瀑和潭。

平沙潭上的瀑布落差不大，坡度也很小，瀑布水下甚至还有一层绿绿的青苔。潭水波澜不惊，清澈见底，可见水下也是缓缓的，没有深潭。

峡谷突然缩窄，两侧危岩对峙，犬牙交错，龙门口到了。

过龙门，峡谷曲曲弯弯，两侧山岩陡峻，潭水盘桓其间，蜿蜒曲折，这就是曲潭了。

曲潭之上是穿行于巨石之间的滴水潭，瀑布高度不足 2 米，潭也隐藏在草丛乱石之中，若有若无。

这一段峡谷两侧的山岩好像沉积岩似的呈薄层状。不过，若看岩石的成分，明明还是花岗岩。据此判定，它们不是层理，而是花岗岩的节理。水底的岩石也可见明显的水平层状台阶形，溪水就在这些小台阶上跳跃，水边芦苇丛生，人们称其为苇潭。

前面有两块巨石，溪水从两石之间穿过，这就是水门了。

水门之上，是三潭错落相叠的三叠潭，两侧的山岩与苇潭相似，水平节理发育，不过瀑布呈斜坡状，舒缓多了。

山路上的一座凉亭边，有一条羊肠小道。拨开丛生的灌丛，一块巨石卧于谷中。你看它顶部平坦宽阔，十多个人坐在那野餐也绰绰有余呀！

从巨石上看，一座宽广的石壁上有两条黑龙，南边那条在下部变成了两条，而最壮观的则是北边那条，它上部弯曲，深藏在岩壁中，下部则倾泻直下，水流在岩壁上形成一道道波澜，恰似一道道龙鳞（见图 4-9-1）。这就是黑龙潭十八潭中最大的龙戏潭了。

龙戏潭上这条藏头黑龙的头其实就藏在了瀑布急流深切岩壁形成的深沟中了，包括上方那一道形态奇特的深沟——龙卷身，和下方一连串圆形的小潭——珍珠串。

由于地势险峻，景区用围栏将游人挡在了距离沟谷比较远的地方，要看到龙卷身的真容还真不容易，珍珠串也只能看到三个中的两个。

无底潭两侧是大块完整的岩石，只见潭上两股水流将一块完整的岩石切出了两道深深的沟槽。

别看这两个小瀑布没多高，却水花飞溅如飞珠溅玉。潭壁的下部呈平滑的弧形内凹，潭水碧绿，深不见底。

到了黑龙真潭，两侧的山崖合抱，似乎要把谷口卡死，再也找不到路了，只有流水还在顽强地冲破山崖的禁锢，从数十米高的悬崖上飞落，溅起的水花将潭壁冲刷成了深深的圆弧形洞穴。据传说，这就是黑龙的老家了。手划着橡皮小筏子进入那幽深的穴中，可以体验到坐井观天、水从天而降的感觉。

观察、记录

选择一个有瀑布的地方观察，估测并记录瀑布的高度、山崖倾斜的角度、潭口的直径（可见时）、水流的速度等。

注意：不要尝试直接测量这些数据，因为瀑布地区的山势过于陡峻，水潭很深，特别是潭壁被水流长年冲刷，非常光滑，即使水性极好的人进去都很难出来。

提示

可以将景物整体拍摄下来，根据附近的草木、人物估测，还可以将瀑布摄像，估测水流速度。

我来解释

瀑与潭

根据我的观察，花岗岩相互垂直的三组节理是这一带瀑布群形成的主要原因。

从高处看峡谷以及两侧的山崖，可以感觉到山体的特征，那阶梯式下降的河谷正好与花岗岩的节理密切相关。水流平缓的河段是沿着近水平的节理面前进的，当遇到垂直发育的节理时，河道骤降就形成了瀑布。

在一些比较高的瀑布上，如黑龙头潭瀑布、通天瀑和龙戏潭瀑布，我们也可以感受到那一组水平节理的存在。瀑布下降中的那些小坎儿就是水平节理形成的。

潭与瀑是相伴而生的。花岗岩虽然坚硬，但瀑布在重力加速度的作用下，其威力更远大于普通的河流，而且瀑布越高，其威力越大。这瀑其实就是龙，可以说，没有"龙"，就没有深潭；龙越高大，潭也就越深、越大。

潭的形状不仅与瀑布的高度密切相关，还与峡谷的形状有一定关系。在黑龙潭，我们看到，龙戏潭以上，由于岩石节理不很发育，水流直接切入岩石形成狭窄的深沟，急速下降的水流在深沟中回旋，就形成了形态奇特的上窄下宽的沟谷龙卷身和潭壁呈圆弧形的珍珠串、无底潭；而落差很大的瀑布在狭小的谷中飞溅冲刷，就形成了像坛子一样大肚子小口的黑龙真潭。

在白龙潭，虽然看不到瀑布，我们却可以看到它历史上遗留下来的深潭。从那个巨大的深潭和岩壁上瀑布留下的印记，我们也可以知道那瀑布在过去有多么的壮观。同时，从那个深潭的形状，我们也可以了解到在黑龙潭我们看不清的水

下深潭的大致形态。

科学课堂

北京的瀑布

俗话说"山有多高，水有多高"。在自然情况下，当降水充足，自然植被保存比较好的情况下，这种说法是正确的。所以，高峻的青山沟谷都应该有瀑布。不过要学会辨别天然瀑布和人工瀑布。

北京由于水源紧缺，加上一些地区前些年自然植被破坏比较严重等原因，并无泉水、瀑布景观。近年来为了发展旅游，人为输水上山，制造人工瀑布。从营造良好的景观来说，这无可非议。

识别人造瀑布与天然瀑布的要点：岩壁上是否有水流常年冲刷形成的发黑的痕迹；其下是否有流水冲击形成的与瀑布相吻合的潭壁形态的水潭。

北京的天然瀑布分布在西部、北部和东北部的中山区，包括百花山、东灵山、松山、雾灵山等地，特别是云蒙山，是北京天然瀑布最集中的地区。低山区的天然瀑布一般都很小。还有很多瀑布由于修建水库，如今已经见不到了。

北京云蒙山

云蒙山位于密云和怀柔交界的地方，呈南北走向，最高峰海拔 1414 米。山的主体由花岗岩构成，多竖直节理，导致山势陡峻，峡谷众多且幽深，其东西两麓密云和怀柔境内形成了许多山水旖旎的风景名胜区。

有趣的是，密云境内的云蒙山东麓和北麓，壮观的瀑布群比较多，已经开发的就有黑龙潭、青龙沟京都第一瀑、天仙瀑、对家河龙潭沟等，还有一些比较小的瀑布群没有开发建设旅游区。而怀柔境内，只有北部的琉璃庙有一道瀑布成群的沟谷。这是因为山东麓的降水量更丰富，植被也更茂密，水源充足，常年不绝，才形成了大量幽深的峡谷和众多的瀑布群。

延伸活动

通过地图或网站查找我国带潭的地名，看看那些地方是否有瀑布和深潭。可以选择交通方便的地方实地调查一下，了解它们过去和现在的状况。

十单元　波与浪

图 4 – 10 – 1　海相波痕

活动内容

寻找和观察自然界中水的波浪运动及其痕迹。

活动准备

查阅当地地图，了解附近的大河或湖泊的分布。

观察点拨

最好能选择一个既有静水（湖泊、水库、池塘等），又有流动的水（河流、小溪）的地方进行观察。

为了观察水的运动，可以借助泡沫塑料块。

问题

河流和湖泊水的波浪运动有什么显著区别？

跟我来

白河国家地质公园

在北京最大的水库——密云水库的上游，有两大支流，潮河和白河。

白河发源于河北省沽源县，经赤城后进入北京，在延庆北部地区自西向东蜿蜒曲折，穿行于崇山峻岭之间，切穿了不同地质时期的岩层，形成了多种形态独特的地貌，保留了大量极具价值的地质遗迹，这就是绵延55千米的白河谷地，北京最著名的国家地质公园。在延庆境内，白河上有白河堡水库和几个小水库截流蓄水，为我们观察流水地貌创造了良好的条件。

从被称为"燕山天池"的白河堡水库开始考察，在水库大坝上，看到的是群山之间的宽阔水面，微风拂过，水面泛起一层层细密的波纹。

从大坝旁边的小路可以到达水库边的泥滩地，在这里，我可以近距离地观察水波。风轻轻吹过，一层层的波浪被推到浅滩处，前面一层上来，退了下去，后面的一层又推了上来。泥沙随着流水往复运动，渐渐排列成一排排与水面上的波纹相似的，与波浪前进方向垂直的横向波纹。这就是波浪塑造的水底形态。

将泡沫塑料块穿上一根长线投入水中，可以看到，它随着水波上下，却没有被波浪推向岸边。原来看似前进的波浪其实不过是在原地运动着呢！

沿着库区以下的峡谷行进，观察流动的河水，水波的形态随着河道的直或弯曲、水的深浅、流速以及水底的质地而变化万千。

水面比较宽阔而水又比较深时，流速缓，水面波平与水库无大差别；水面缩窄，落差增大时，流速变快，波浪增高；当水下有大一些的石块时，水流被石块分割，就形成了几道纵向的波纹；而随着河道转弯，水的波纹也更加复杂了。

在一段宽阔的谷地边，有一片沙滩。在水边观察沙质的河底，与水库边明显不同，水底的沙纹形态是顺着水流方向的鱼鳞状波纹。

将泡沫塑料块再一次投入水中，现在它不仅随着水波上下，还随着流水不断前进了。

路边一大片矗立的岩层引起了我的注意，岩层倾斜的角度比较大，有的地方甚至超过了70度。岩层的边缘一层层地剥落，每一层都有一定面积的层面出露，而那层面上似乎有什么东西。走近仔细观看，原来那每一层岩层的表面是各种凹凸不平的形态，有的像一条条泥鳅，有的类似鱼鳞，也有的就像浅水中的小泥坑，或是近海海面上成排的波浪。

从路边立着的大牌子上的说明，我知道了它们是形成于 14 亿年前震旦纪早期的白云岩，属于海相沉积。层面上能保留这么完整、种类丰富的海相沉积波痕，形成这么壮观的景象，还真是难得。尽管这些层面上展示的是海洋波浪留下的痕迹，但也同样可以让我们想象当时环境的变化，因为这些波痕正在告诉我们当时海水的深度和水流运动的方式。

由此，我们也深刻地体会到，岩层是地球历史的记录者，其中能透露远古自然环境信息的不仅有化石，还有很多种类型的遗迹。你看这岩层表面不同的形态不是正在向我们讲述这里十几亿年前的故事吗？

图 4 – 10 – 2　海相波痕

观察、记录

观察河流、湖泊、池塘等水体的水面变化，探索水面形态变化与水底形态的关系。用文字或摄影、摄像的方式记录观察到的各种有趣现象。

我来解释

河流和湖泊的显著区别是水是否流动，其波浪运动的区别就是水的前进与否。河水是在不断前进的，而湖泊的水是在原地不动的。

> **提示**
>
> 水能反光，亮度比周围景物要高，一般要提高一挡曝光速度。拍摄水的波纹要选择好光的角度，才能获得更好的效果。在太阳高度不同时，利用水的反光，寻找适当的角度，可能有意外的收获。

科学课堂

北京的水系

北京属于海河水系，主要河流有潮白河、永定河、温榆河、拒马河和泃河。

潮白河上游建设了北京最大的水库——密云水库，其中下游河床基本干枯。

永定河上游建设了官厅水库，但中游地区还汇入大量支流，加上水库定期放水，保持有一定水量，三家店拦蓄之后，下游基本干涸。

温榆河水量比较少，沿途消耗又比较多，只在沙河一带有一座水面比较宽阔的小水库，自通县与北运河相衔接。

拒马河和泃河曲流发育，泃河上游建有海子水库。

三家店以上的永定河及其大的支流清水河沿岸、密云水库以上的潮白河支流特别是白河沿岸，以及拒马河和泃河沿岸、沙河水库等地，是观察水体的较佳场所。

延伸活动

在泡沫塑料块上分别加一个不同重量的物体，让它能浮在不同水深位置，观察它在流水中的状况，探索河水流动的变化规律。

第五章

观察天体和天象

　　仰望天空，白天有耀眼的太阳，夜晚有形态不断变化的月亮，还有璀璨的银河和数不清的不断眨眼的星星；也许你看到过一闪而过的流星，或许你注意到了星空中有一个快速移动的小星星……这就是天体和天象，它们都是那么神秘，令人好奇。你一定想知道天体是什么样子，各种天象又是怎样形成的，那么就请跟我一起去探索星空的奥秘吧。

GUANCHA
TIANTI HE
TIANXIANG

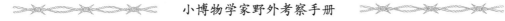
本章特别提示

安全提示

绝对不要用望远镜直接看太阳，用望远镜看太阳投影时，目镜必须是耐高温材料的。

应该在成年人陪同下进行野外观察，特别是夜间外出观察，更要预防迷路和意外事故发生。

要遵循"看天不走路，走路不看天"的原则。

必备物品

钢笔、笔记本、铅笔、橡皮、圆规、尺子、速写本、防蚊虫药、指北针、手电筒。

装备

长袖上衣、长裤、旅游鞋。

选备物品

照相机、双筒望远镜、天文望远镜。

拓展阅读

《实用全天星图·历元 J2000.0》（科学普及出版社，2011 年版）

北京天文馆网站：http：//www. bjp. org. cn/misc/index. htm

NASA（美国宇航局）网站：http：//www. nasa. gov

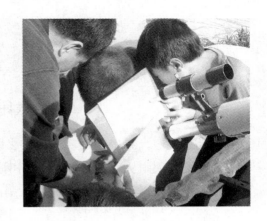

图 5－1－1　望远镜太阳投影

一单元　观察太阳

活 动 内 容

观察日出和日落的方位。

观察中午太阳的方位和高度。

用望远镜观察太阳。

活 动 准 备

可先参阅相关资料，了解太阳的基本情况。

必备装备：墨镜。

选备物品：投影板。

观 察 点 拨

太阳是天空中最明亮的天体，观察太阳，首先要学会保护自己的眼睛。观察太阳，普通的太阳镜是远远不够的，电焊工使用的墨镜才能够有效防护。目前，一些天文器材店有专用的太阳观测眼镜出售。有的望远镜会配有太阳滤光镜。照相器材店也会有相应的滤光镜出售，一般价格很高，而且往往不够用，可能需要两片叠加使用。也可以自制滤光镜；最简单的方法是使用巴德膜（专业天文器材店有售）。

> ### 特别提示
>
> 太阳是明亮耀眼的天体，在绝大部分情况下，不能用肉眼直接观察太阳，更不能简单用望远镜看，也不能用照相机直接拍，请务必按照我们的提示进行观察。

问 题

在城里和在郊外看日出或日落有什么不同？原因是什么？

日晷在什么情况下才能正确测定时间？

175

追踪太阳的脚步

清明节放假，我们一家要到郊外去踏青。6 点钟我就起床了，从窗户望出去，正好看到太阳从远处楼群的缝隙中刚刚探出一点点头。我赶快拿出指北针测了一下它的方位，约为 83 度。别看太阳刚出来，已经很晃眼了，尽管我没有正对着它看，还是觉得有些眼花。戴上太阳镜，才觉得好了一些。不过，没过 2 分钟，太阳全部升出来了，太阳镜也不管用了。

爸爸拿来一张黑色的 X 光胶片，透过胶片，我终于能比较舒服地看太阳了，可它看起来实在太小了。

我搬出了望远镜。爸爸说："这可不能直接看太阳。"他把胶片剪成了一个和望远镜镜筒一样大的圆片，粘在了镜筒的前面。这时再把望远镜对准太阳，我看到了一个发红的圆面，微调焦距，圆面的边缘逐渐清晰，这就是太阳了。

爸爸告诉我，用望远镜看太阳还有一个好方法，看投影。

他让我找来一张白纸，用圆规在上面画了一个直径 10 厘米的圆，夹在一个硬板子上做成一个简易的投影板，然后带上望远镜，我们就出发了。

到了郊外，架好望远镜，把镜筒前的胶片拿掉，将纸板竖在望远镜的后面，一个扁圆形的明亮图像现身了。我调整一下板子的角度，图像变圆了；重新调焦距，让太阳的图像和纸上的圆一样大，可感觉太阳的边缘好像总是在晃动，不那么清晰。

"那是因为大气在不停地抖动。仔细看看，太阳上有黑子没有？"我真的找到了，在明亮的太阳表面，有一小块暗一点的东西，赶快用铅笔把它描画下来。"你别看它小，其实它比地球还大呢！"是啊，太阳的直径是地球的 109 倍，这个小黑子的直径只要超过太阳直径的 1%，就一定比地球大了。我用尺子量了一下，这个黑子的直径约为 2 毫米。哇，它比地球直径大两倍多呢！

太阳越来越高了，阳光照在身上暖洋洋的。我想起了"两小儿辩日"的故事。我已经亲身感受到了，从早晨到中午，随着太阳高度的不断升高，太阳光的威力也在不断增大。这是为什么呢？

地理课上讲的是，阳光直射和斜射地表得到的热量不同，太阳高度角越大，地表得到的热量越多。可我还是有些疑惑，以人体来说，当我们站立的时候，太阳高度角低时，阳光更垂直于我们的身体，为什么还是中午感到热呢？

我忽然想起了早晨用望远镜看到的太阳投影，是大气，由于太阳刚升起时穿过的大气厚度更大，大气大大削弱了太阳光。

已经 12 点了，我想尝试测一下太阳的高度。我找了一根长而直的树枝，立在地上，测了一下它的影子的长度，经过计算，太阳的高度角约为 56 度。

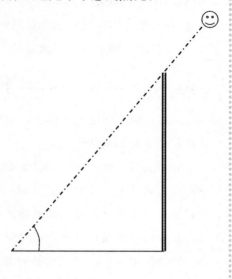

这时候，我注意到太阳的影子并不是正好朝向正北，而是偏西大约 8 度呢！难道是我的表不准？我用手机拨打了报时台，又一次校对了一下时间，没错呀！不过，报时台提醒了我，我的表是北京时间，是东经 120 度的正午 12 点，而太阳走到我们的子午线还需要大约 16 分钟呢！

图 5 - 5 - 2

12 点 16 分，我再一次测了太阳的方位角，与正南大约差 1 度，太阳的影子比刚才又短了一点点。我忽然记起，除了有北京时间与观测地的地方时之差以外，还有时差，即真太阳时与平太阳时之差。今天的时差是 −2′48″，也就是说，要再过 2′48″，才真正日上中天（过子午线），或者说是真正到达正午时分。

在报上曾看到有文章说北京城区某旅游景点设了一个日晷，可是中午 12 点并不是指着午时云云。对呀！北京城区中午 12 点日晷要是正好指午时就一定有问题了。

18 点半过了，太阳已经失去了它的威力，不那么刺眼了。一望无际的原野上，我可以看到太阳一点点地下降，慢慢地接近地平线，颜色也越来越好看。我试着用照相机拍摄日落，看起来似乎还不错。

用指北针测一下日落的方位，278 度，现在的时间是北京时间 18 点 42 分。

观察、记录

在一天里，作一次日出和日落的观察，记录时刻和太阳方位角；可以尝试拍摄日出和日落；测量太阳中天（正午太阳最高时）时的太阳高度。

提示

太阳是极其明亮的天体，一般情况下拍摄太阳都必须加滤光片。只有拍摄日出和日落时不用加滤光片。

由于太阳非常明亮，拍摄日出和日落，要想拍到清晰的太阳圆面，前景就全是黑色的剪影。选择一些外形很有特色的前景，会使你的照片增色不少。如果有每天可看日出或日落的好地点，可在不同季节拍摄。通过前景展示记录日出、日落的方位变化是一件很有意义的事。

拍摄日出和日落对照相机的最主要要求是有手动快门。因为太阳的视直径只有大约半度，大部分照相机不能对这样小的被摄物体测光，所以，用自动测光难以拍到好的日出、日落。

拍摄日出、日落，由于当时的季节、所在的观察位置，以及天气条件的不同，所需要选择的光圈、速度会大不相同。需要根据实际情况灵活掌握，摸索尝试。拍摄过一定数量后，你会有惊喜的发现。

拍摄日出时，一般可将照相机的光圈放在最小。在太阳刚刚露头时，可选择1/100～1/500的速度，根据拍摄效果再作调整。如果太阳附近有很大的光带，则要提高2挡以上的速度；如果只是有光晕，则提高1挡速度就差不多了。以后要随着太阳的升起，不断提高速度。拍摄日落正好相反，先将快门速度放到最高挡位，在太阳接近地平线时开始拍摄。当感觉拍出的太阳已经发暗时，逐渐调慢速度。

我来解释

城里和郊外看日出或日落的差别

在高楼林立的城市，我们已经很难看到地平线。因此，我们在城市里看日出时，它其实已经离地平线很远，升到比较高的地方了，大气对它的折射和削光作用已经没那么大了，所以，很难看到大而红的太阳。

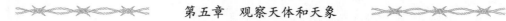

在郊外视野开阔的地方，我们能够看到太阳从地平线升起，就可以看到日出时大而红的太阳。

如果我们能在城市里找到一个制高点，而且日出或日落的方位正好没有高大的建筑，我们也有机会看到漂亮的日出或日落。

用日晷测定时间

用日晷测时的原理是太阳的周日视运动。太阳一天里在天空中运行一周，太阳的影子就可以在日晷上转一周。只有当太阳升高到地平线以上一定高度，我们才能在日晷上看到它的影子。

我国使用的时间是北京时间，即东经 120 度经线上的时间，所以只有在东经 120 度的位置上，如杭州，才有可能用日晷准确测定时间。

用日晷测到的是真太阳时，它与我们实际使用的时间还有差距。这是因为地球围绕太阳公转的速度并不均匀，因而每天的实际长度也略有差异。为了便于计算，人为设计了平均太阳时，简称平太阳时。假设太阳在黄道上的运动速度是均匀的，即平均太阳位置，以这个平均太阳位置为基础确定的时间就是平太阳时。

真太阳时与平太阳时之差就是时差，定义为：时差 = 真太阳时 – 平太阳时。当时差为正时，真太阳早于平太阳；时差为负时，真太阳晚于平太阳；只有当时差为 0 时，日晷才能最准确地测定时间。

4 月 5 日测定正午 12 点 16 分太阳的方位角约为 179 度，就是因为那天的时差为 – 2′48″，太阳要在 2′48″后才到达中天位置。

一年当中，时差为 0 有 4 次，大约在 4 月 15 日、6 月 13 日、9 月 1 日和 12 月 25 日。要了解每日的时差，可查阅《天文普及年历》中的太阳表 1。

科学课堂

二十四节气

二十四节气是我国传统历法中用于确定太阳在黄道上的位置的，它们是：

立春、雨水、惊蛰、春分、清明、谷雨、立夏、小满、芒种、夏至、小暑、大暑、立秋、处暑、白露、秋分、寒露、霜降、立冬、小雪、大雪、冬至、小寒、大寒。

二十四节气可以让人们了解季节的变化，在中国数千年的农业文明中起着非常重要的作用。其中，春分和秋分、夏至和冬至被合称为二分二至，是最早通过

天文观测而确定的节气，在历法的制定上起到了极其重要的作用。

延伸活动

在春分、夏至、秋分和冬至分别观察日出、日落和太阳中天，看看有什么异同。

图 5 - 2 - 1 望远镜下的月球

二单元 我们的近邻
——月球

活动内容

肉眼观察月球在天空中的位置变化和月相。

用望远镜观察月球表面的形态特征。

活动准备

可先查阅日历，了解阴历的日期。

观察点拨

中国人自古以来对月球就十分关注，从我们现在使用的历法，以及一些传统节日都可以看出月球对我们的影响。

中国传统的历法是阴历，观察时请注意中国传统节日与阴历的关系。

问题

月相与月球在天空中的位置有关系吗？

我们看到的月球表面形态有变化吗？

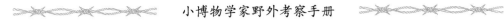

跟我来

中秋赏月

阴历八月十五是我国传统节日中秋节。今年的中秋节正赶上"十一"长假，我们全家都聚到了乡下的叔叔家。

傍晚，太阳还没落山，又圆又大的月亮就从东边升起来了。

晚饭后，天渐渐黑了，大人们坐在院子里神侃，我则架起了望远镜，弟弟、妹妹们一下子就把我包围了。

好不容易让他们安静下来，我将望远镜对准了月亮，调好焦距，让他们依次看过，总算没事了，我可以自己好好欣赏月亮了。

今天的月亮太亮了，月球表面的月海和环形山看起来都不明显。我想起一周前看到的月亮。

那天傍晚，日落的时候，月亮在正南方。虽然只能看到半个明亮的月亮，那上面巨大的暗斑用肉眼就能很容易地辨别。对照月球正面图，我知道了，最右边那个单个圆形的暗斑是危海。在它的左边连成片的，从上到下依次是澄海、静海、酒海和丰富海。

从望远镜里看，月球上大大小小的环形山一个挨着一个，立体感特别强。

不过，今天的月亮也有它的好处，第谷环形山周围的辐射纹清晰极了。

观察、记录

在农历初四到十六之间选几天，在傍晚日落时观察月球，填写下面的记录表。试分析月球的位置、月相和农历日期之间的关系。思考月相与月面地形的清晰程度之间的关系。

尝试拍摄一幅月球的照片。

提示

月球的亮度比较适中，特别是满月可用最常用的光圈和快门速度拍摄。只是月球的视直径与太阳差不多，也是约为半度，照相机同样不能很好地对它测光，要用手动快门。如果有200mm（相当于135照相机）以上的长焦距镜头或者可接照相机的天文望远镜，拍摄效果会好很多。

满月的光圈可采取11～5.6，快门速度1/60～1/250，可用不同的挡次拍几张试一试。如果接望远镜拍摄，快门速度要随望远镜的口径增大而加快。

在天还未完全黑时就可以看到月球，那时候拍照，地面景物可能比较好。如果天完全黑了，要想把月亮拍好，周围的景物可能就完全拍不到了，除非周围有明亮的灯光。

在月牙儿很小，而且它与明亮的行星比较近的时候，可以拍摄到月球和行星的照片。如2008年12月1日最明亮的两颗行星——金星和木星双星伴月形成的"笑脸"。

拍摄小月牙儿的曝光如果合适，我们还可以看到月球在阴影中的那部分。它和明亮的部分正好合成一个圆。

我来解释

月相与月球在空中的位置关系

月相与太阳、月球和地球的相对位置密切相关。

月球自己不发光，我们看到月球明亮的部分是它被太阳照亮的部分。

就像地球一样，月球总是有一半区域被太阳照亮，当这一半正好完全对着我们时，我们就会看到圆圆的月面；当月球被照亮的部分正好侧对着我们时，就看

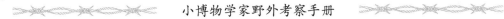

到半个明亮的月亮——弦月；如果只有很少亮的部分朝着我们，就会是一个窄窄的月牙儿。

由于月相的变化是最容易观察的天象，而且，月相的变化又非常有规律，所以，古人以月相的变化制定了历法——太阴历，又叫阴历、农历、古历、旧历等。

随着月球围绕地球的公转运动，我们就会看到月球从阴历初一开始的月相变化。

朔（初一）：月球与太阳黄经相等的时刻。这时，由于月球离太阳太近，而且月相很小，明亮的太阳光将它完全湮没了。

一般从初三开始，日落时我们可以在西方见到窄窄的小月牙儿，日落后约一个半小时落下。以后，月牙儿逐渐变宽，日落时的位置也越来越高而偏南。

上弦：月球在太阳以东90°。日落时，月球位于正南方，朝西的一半明亮可见。

望（十五）：月球与太阳黄经相差180°的时刻。日落时，月球从东方升起；日出时，在西方落下。望以后，月相又开始逐渐变小，升起的时刻也越来越晚。

下弦：月球在太阳以西90°。日出时，位于正南方，朝东的一半明亮可见。

阴历的月以朔日为每个月的起点。月有大小之分，大月30天，小月29天，一年12个月，约有254天。

由于阴历12个月的长度比实际的"年"短，为了使各个月总能体现一定的季节，阴历设置了闰月。每19年中大约有7个闰月。

由于朔望月是29.53天，所以大小月的数量并不完全相等。每19年中有110个小月，125个大月。

月球的正面与背面

由于月球围绕地球公转的速度与其自转速度相等，所以，地球上总是看到月球的一半，这一半被称为月球的正面，地球上看不到的那一半则被称为背面。

延伸活动

查阅相关资料，探讨日、月食与月相的关系，在什么情况下会发生日食？在什么情况下会发生月食？

科学课堂

卫星

围绕行星运行的天体称为卫星。

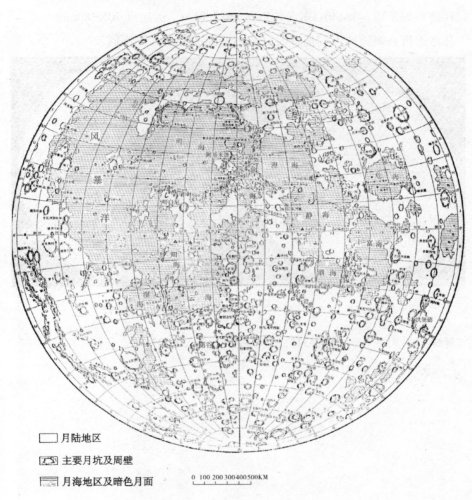

□ 月陆地区

▨ 主要月坑及周壁

▤ 月海地区及暗色月面

0 100 200 300 400 500 KM

图 5－2－2 月球正面略图

月球是地球的卫星，是距离地球最近的天体。

和其他天体比较起来，月球距离我们很近，所以，月球是目前人类唯一登临过的天体。

月球的表面形态：月坑、平原、山脉。

由于质量小，月球的引力留不住大气，月球表面大气非常稀薄，小天体撞击月球产生了无数环形山。

月球的运动

公转轨道：椭圆轨道。

月地平均距离：384401km（近地点363300km，远地点405500km）

月球运行在轨道的不同位置时，我们看到的月面大小不同。

图5－2－3　月球在不同运行位置时的月面大小比较

月球的最大视直径为33′31″，最小视直径为29′22″。

三单元 星座与行星

图 5 - 3 - 1 天鹅座

活动内容

肉眼观察星空中的恒星和行星的位置。

用望远镜寻找和观察行星，以及星空中其他有趣的天体。

活动准备

可先查阅日历，了解阴历的日期。

观察点拨

星空中的恒星相对位置不会有肉眼能够察觉的明显变化，古人将它们组合为一些图形，即星座。现在通用的星座是以古希腊星座为基础的。需要注意的是，中国古代的星座与古希腊的星座大不相同。

地球上肉眼可见的行星有五颗——水星、金星、火星、木星和土星。行星在星空中的位置是有规律变化的，它们基本上是在黄道附近运行，运行的速度是一个比一个慢。要了解它们在一定的时间里的具体位置，可查阅《天文普及年历》或《天文爱好者》杂志的每月天象图，也可利用一些天文软件或在天文网站上了解相关信息。

问题

用肉眼和望远镜看行星与恒星，会有什么不同？

七夕之夜

2009年8月26日，是我国传统节日七夕节。傍晚，我和爸爸、妈妈到郊外看星星。

18点50分，太阳在远山之间一点点消失，位于西南方低空的半个月亮则显得越来越明亮了。

日落后大约1小时，天渐渐黑了，头顶附近一颗星星隐约可见。对照星图，我知道它是天琴座α，中国古人称其为织女星。织女星是全天最亮的21颗星之一，它是0等星。

巡视星空，我看到东南方出现了一颗特别亮的星星。看星图这个位置附近只有南鱼座α（北落师门）比较亮，可它不过是一颗1等星，不该比织女星亮呀！何况它的高度比织女星要低得多，大气对它的消光作用要强很多呢！

我忽然想起，10天前是木星冲日，它是木星！对了，昨天水星东大距，赶快找找水星！

我拿起双筒望远镜在西方地平线附近仔细搜索，终于在西偏南一点的地方，看到了一个比较亮的东西。用单筒望远镜对准它，看清楚了，像半个小月亮，是水星！将望远镜向西继续搜寻，我发现了又一个亮点，它该是土星了。不过，好像看不到光环。

天已经完全黑了，满天的星星密密麻麻的，让我眼花缭乱，不知道从哪儿认起了。先来找找北极星吧。

在西北方，我找到了大熊座的北斗七星。沿着勺子口最边上的那两颗星向前延伸大约5倍，那颗那一天区唯一比较亮的星星就是北极星。它是一颗2等星，和北斗七星的亮度差不多。

一道星星组成的光带从南偏西向北偏东的方向延伸，那是银河！银河上的那个大十字就是天鹅座，它似乎在沿着银河向南飞翔。最亮的那颗星是天鹅的尾巴，中国古代称其为天津四。所谓天津，就是银河上的渡口。中国古人把天鹅的翅膀和尾巴附近的十几颗星看做是一艘大船，传说也把它们说成是喜鹊为牛郎织女七夕相会而搭起的鹊桥。

　　银河的西北边是天琴座，织女旁边那由四颗小星组成的平行四边形被古希腊人看成是竖琴的琴弦，而我们的祖先则把它看成是织女的银梭。

　　银河的东南边是天鹰座，其中最亮那颗星被看做是鹰头，它就是牛郎星。它两边的那两颗小星被看做是他挑着的那一对小儿女，你能猜出哪一个是儿子，哪一个又是女儿吗？

　　牛郎、织女和天津四是夏季星空中最突出的亮星，它们在天空中正好形成了一个巨大的三角形，被称为夏季大三角。

　　除了夏季大三角，天空中还有几颗比较明亮的星星。

　　北斗七星勺子柄指向西方低空的那颗星是牧夫座 α（大角），它是一颗 0 等星。

　　在偏南西方的低空，我们还可以看到一颗颜色发红的亮星，它就是天蝎座 α（心宿二）。这颗星在中国古代还有另一个名字——大火，它在当时有着极其重要的地位。早在 5000 年前，它就已经成了官方规定的天象观测目标。当它在傍晚升起时，统治者就要昭告天下，开始春耕。

　　天蝎座是黄道星座，又是银河星座，它纵卧于银河之上。天蝎座所占的天区面积比较大。我国古代将天赤道附近的星座划分为了二十八宿，天蝎座就占了三个宿：蝎子头是房宿，心宿二加上它左右的两颗星是心宿，后面那弯钩状的蝎子尾巴是尾宿。

　　有了上面几个星座做参照，我就能辨认出更多的星座了。

　　你看那北极星正好和周围的几颗星组成了一个小一些的北斗七星，那就是大熊座的儿子——小熊座。

　　还有盘旋在大熊座、小熊座之间的天龙座；在东北方与北斗七星隔着北极星遥遥相对的"W"形的仙后座；牧夫座旁边那个半圆形的北冕座；天鹰座旁边的那小小的海豚座和天箭座；东方刚升起不久的大四边形的飞马座等。

　　我想起了北半球最亮的星系，我们的近邻仙女座星系（M31），它可是肉眼可见的！顺着飞马座向东北看，我找到了仙女座的弧线，借助双筒望远镜在弧线和仙后座之间搜寻，很快发现了它，一个云雾状的天体，再用肉眼看，我确定了它在星座中的位置。用单筒望远镜对准 M31，它的形态比较清晰了，但与我在网站上看到哈勃望远镜拍摄的照片还相差甚远。

　　用单筒望远镜对准木星，我看到了木星上有一些横向的条纹，还看到了它两边排成一条线的卫星，东边 1 颗，西边 3 颗，它们就是 400 年前伽利略用望远镜首先发现的木星的 4 颗伽利略卫星。

　　已经接近 23 点了，东北方升起了一团模糊的东西，是昴星团吗？昴星团属于金牛座，我国古代也称它为七姐妹星团。我用望远镜对准它，它岂止是 7 颗星，至少有四五十颗星呀！

　　接近午夜，满天的繁星让我真想拍一张星星的照片。我把照相机的速度设在最低——30 秒，试拍了一张，一些比较亮的星被拍了下来。看样子要想拍到更多的星星，必须有快门线。

　　地球上肉眼可见的行星已经看到了 3 颗，而那两颗距离我们最近的行星——火星和金星，它们都要后半夜才能升起来呢。

　　凌晨 4 点，我就爬起来。红色的火星已经很高了，东方那颗看起来比木星还要明亮得多，一定是金星了。我估测了一下，它的高度大约是 15 度。

图 5 - 3 - 2　昴星团

观察、记录

在农历初一前后的几天里，到郊外进行一次观星。记录你看到了多少颗星星，其中恒星分别属于什么星座，中国古代又是怎样称呼它们的；哪几颗是行星，它们又分别位于哪个星座。

尝试拍摄星空。

我来解释

肉眼看行星和恒星的不同

肉眼看恒星，它们是在不停地闪烁，就是平常说的星星眨眼；而肉眼看行星则感觉不到它们在闪烁。

望远镜看行星和恒星的差异

无论用多大倍数的望远镜看恒星都是一个亮点，而行星在倍数稍大一些的望远镜中就呈现出圆面了。

> **提示**
>
> 由于星星非常暗，应该选择比较高的感光度，如 ISO800 以上，并需要长时间曝光。数码照相机长时间曝光噪点会很严重，需要采取高感光度长时间曝光降噪设置，同时要进行一些试验，了解你的照相机的性能。使用胶片拍摄星空可能更容易。
>
> 长时间曝光需要三脚架、快门线。一般可曝光 20 分钟 ~ 2 小时，拍摄地点的周围越黑暗，时间可以越长，周围不够黑暗，则相应地要缩短时间。

科学课堂

星等

衡量天体亮度等级的指标是星等。

在地球上用肉眼观测到的天体的亮度被称为目视星等，它不仅与天体的实际亮度有关，还与它和我们的距离，以及它的形态有关。

在最佳观测条件下，公元前 2 世纪，古希腊天文学家依巴谷将人肉眼可见的恒星分为 6 等，最亮的星为 1 等，最暗的星为 6 等。

1830 年，英国天文学家赫歇尔进一步精确测量了恒星的亮度，发现 1 等星的亮度大约是 6 等星的 100 倍。因此，他将肉眼可见最暗的星定为 6 等，比 6 等星亮 100 倍的星定为 1 等。

星等每差一等，亮度差 2.512 倍（100 的 5 次方根）。

比 1 等星亮 2.512 倍的是 0 等星，比 0 等星亮 2.512 倍的是 −1 等星，以此类推。

全天亮度在 6 等以上的恒星有 5000 多颗。

各个天体的亮度差别并非正好相差 2.512 倍，现代天文学精确测量了天体的亮度，给出了它们精确到小数点后 2 位的星等，可以在星表上查到。

延伸活动

观察星空随时间发生的变化。

在一天里，从天刚黑时开始观察，每隔一小时，看星空是怎样变化的？

每隔一周（或两周），在夜晚同一时刻做一次观察，看到的星空有什么不同？

四单元　坐地日行八万里

图 5 - 4 - 1　牛郎和海豚

活动内容

观察和拍摄天体的周日视运动。

活动准备

设备：望远镜、照相机、三脚架、快门线。

观察点拨

天体的周日视运动

天体的周日视运动是相对运动，原因是地球一刻不停地自西向东自转，每日自转一周，使我们感觉所有天体似乎都在以日为周期，自东向西运动。

中国古代正是根据天体的周日视运动，白天用日晷监测太阳的运动，晚上用简仪等监测星辰的运动来确定时辰的。

问题

不同天区的天体的周日视运动是否存在差异？

在地球的什么地方才会"坐地日行八万里"？

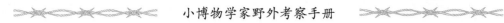

跟我来

草原观星

七夕观星之后，让我对拍摄星星产生了浓厚的兴趣。买了快门线，"十一"期间，我到内蒙古人烟稀少的草原又做了一次观星。

我们住的度假村附近没有村庄，由于天气转凉，旅游的人也比较少了，正好适合天文观测。

晚饭后，已经过了21点。我穿上保暖裤、毛衣、羽绒服，戴上毛线手套、围巾，全副武装，带好设备，来到房后的空地上。

我很快适应了黑暗，支好了三脚架、照相机。由于第一次用电子快门线，又没有提前认真看说明书做试验，不免有些手忙脚乱。总算都安装好了，我调整三脚架的云台，首先对准了天鹅座。取景器里的星星太暗了，焦距很难调，费了半天劲，才勉强调得差不多，可快门线又忘了怎样锁定了，只能先用30秒拍摄几张。

拍了天鹅，又拍天鹰、天琴、仙后、英仙等星座和北斗七星。已经22点半了，草原上的夜晚温度下降很快，我觉得快要冻僵了，也不知道拍的效果如何。今天先收了吧。

收的时候，又出了状况，三脚架上的云台怎么也卸不下来了。我只得用塑料袋包裹住照相机，带着三脚架一起回到房间里。待手脚暖过来，再慢慢卸。

回放照片，发现效果还不错，我信心倍增，决定明天一定要早一点开始拍摄，还要穿得更暖一些。

第二天，我早早就做好了准备，还借了一件棉大衣。

17点50分，太阳就隐没在地平线以下了。19点多一点，天已经完全黑了。我匆忙吃了晚饭，装备齐全就出发了。

周围只有稍远的地方有很少几处灯光，远处的公路上偶尔有汽车通过，明亮的车灯把附近的房子都照亮了，我真担心这会影响我的星空拍摄。

由于害怕车灯影响拍摄，所以没用遥控器的定时功能，而是用手动控制快门线，缺点是时间控制不那么准。

天鹅座正在头顶附近，南边的木星在天还没完全黑时就可看到了。

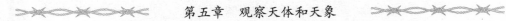

根据昨天的经验，地面附近的灯光对我拍摄天顶几乎没有影响，所以，我决定先从天顶开始拍摄。我对准天鹅座拍摄了一组，曝光时间分别为39秒、82秒和93秒。令人兴奋的是，在后两张中，银河的尘云都可以看到了（见图5-4-1中间那部分亮的云雾）。

也许是今天时间比较早，温度还没降到很低，或者是我穿得比较多，又加了一件棉大衣呢，我开始觉得热了。

我把镜头对准了那些熟悉的星座，天琴、天鹰……忽然，我发现西北边地平线上有一颗橙红色的明亮星星，是牧夫座的大角，它很快就要落到地平线以下去了，赶快掉转头拍它！我把照相机竖起来取景，正好把整个牧夫座和北冕座全部收了进来。

又继续拍摄了北斗七星、小熊座、天龙座、海豚座、天箭座、仙后座、英仙座、仙女座等星座，再看西边的大角已经不见了，东方的御夫座和金牛座正跟着英仙座慢慢升起。

现在只有西南方向是对着公路，时常有车经过，人马座没有拍到。我有些不甘心，干脆走到离公路比较近的地方，这样西南方向就不是正对着公路了。虽然远处有几点灯光，我也不管了，拍一张试试。用30秒把人马座拍了下来，幸运的是，这一段时间正好没有车辆经过，而远处那些灯光的影响看起来并不很大。

现在我发现我们住的小楼已经看不到灯光了，正好以它为前景，给昴星团和毕星团合一张影。

转眼已经过了2个多小时，气温开始下降，星座也拍得差不多了。

回到屋子里，把照片拷贝在电脑里观看，我发现了一个有趣的现象——我拍摄的头顶以南，以及东方和西方的星座，曝光在30秒以上的就可以明显看出星星变成了一个个小弧线，而小熊座那张照片曝光54秒，星星还都是一个个点。

观察、记录

从天黑时开始观测星空，特别注意西方和东方亮星的位置。记录一个小时后它们的位置是怎样变化的。

有条件的可用照相机练习拍摄星空，长时间曝光可明显看出星星视运动的轨迹。

我来解释

由于天体的周日视运动，用照相机长时间曝光拍摄星空，如果没有跟踪设备，拍摄到的星星将不会是一个个的点，而是一条条的弧线。这正好可以让我们真实地体验到天体的周日视运动。

> **提示**
>
> 照相机快门的开启、车辆经过或人的走动引起的地面的震动、风都可能影响长时间曝光的影像质量。尽量远离可能会有车辆经过的大路。拍照时，尽量减少人员的走动，照相机三脚架要尽可能稳固。

由于天体的周日视运动是围绕着天极的运动，在北半球是围绕着北天极运动，因此，距离北天极越近的天体，单位时间里视运动的距离越短。小熊座距离北天极最近，因此，视运动移动量也最小。

"坐地日行八万里"指的是地球自转，由于地球上不同纬度的周长不同，自转一周走过的距离也不一样，只有赤道附近才会日行4万千米，也就是8万里。事实上，我们的地球除了有自转，还有绕太阳的公转，公转一年要走9亿多千米，平均每日走了200多万千米呢！此外，还有跟着太阳绕银河中心的运动就更快了。

五单元　流星雨与彗星

活动内容

肉眼观察流星雨。

尝试用照相机拍摄流星雨。

图 5 – 5 – 1　火流星

活动准备

可先查阅相关资料或网站，了解最近是否有可观察的流星雨。

设备及装备：带帽子的羽绒服、手套、棉鞋、MP3 或其他录音设备、防潮垫或躺椅、睡袋、热水、巧克力。

观察点拨

要了解流星雨出现的时间。大部分流星雨的活跃期可持续数天甚至更长时间，观察流星雨还受天气、月相、地面光等条件影响，且只有当流星雨的辐射点在地平面以上一定高度，而太阳又在地平面以下一定距离时，我们才能看到大部分流星，因此不一定要花费太多时间观察。

《天文普及年历》有当年流星雨的具体信息，北京天文馆网站也经常发布适合大众参与观测的重要天象。可以选择方便到郊外观测的日期（如周末或假期），而且观测时最好没有月亮。

一般午夜后流星的数量比午夜前要多，观察流星要先睡觉，半夜起来看。后半夜天气比较冷，而且容易困倦，可准备一点小零食或咖啡等热饮料，同时要备足衣服，注意保暖。

问题

为什么不能看到预报的那么多流星？

观察流星望远镜有用吗？

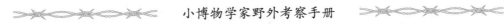

跟我来

猎户座流星雨

你看过流星吗？一闪而过的流星常常让人生出许多遐想，要看到流星确实需要运气。不过，如果有流星雨，看到流星的概率就大大增加了。

多数流星雨与彗星密切相关，它们是彗星抛撒在轨道上的微小颗粒进入地球大气而形成的。

彗星是太阳系中一类样子古怪的小天体。彗星是由冰和尘埃冻结在一起的团块，它们以非常扁的轨道围绕太阳公转。当它们接近太阳时，冰块会突然变热到升华，形成彗发和彗尾；当它们远离太阳而去时，彗发和彗尾物质不再能回到彗星母体上，而是留在了彗星轨道上，成了数量众多的流星体。当地球轨道与彗星轨道相交时，成群的流星体就可能进入地球大气层，形成流星雨。

从《2009 年天文普及年历》查到，10 月 2 日到 11 月 7 日是猎户座流星雨的活跃期。尽管猎户座流星雨的母彗星是哈雷彗星，它已经离开我们 20 多年了（上次哈雷彗星回归是 1985～1986 年），但观测资料显示，最近几年猎户座流星雨表现一直不错，而且今年（2009 年）它的极大期（10 月 21 日）又是在农历的月初，正好适合观测。

10 月 18 日是星期日，这一天是双子座流星雨极大，也是猎户座流星雨最接近极大的一个周末，所以，爸爸决定带我到郊外看流星雨。17 日，我们美美地睡了一下午，晚餐后出发，午夜前到达观察地点。

环顾星空，夏季大三角已经在西北方很低的位置了，飞马座的那个大四边形也已经偏西，头顶附近没什么亮星。

东方有几颗亮星非常耀眼，最亮的是御夫座 α（五车二）和金牛座 α（毕宿五），它们分别是 0 等星和 1 等星。在毕宿五附近，还有几颗小星和它组成了一个 V 字形，这就是距离我们最近的星团——毕星团。它和昴星团一样，都是疏散星团。

猎户座已经从东方升起，高度大约有 20 多度了。在它的北边，是双子座。猎户座 α（参宿四）、猎户座 β（参宿七）和双子座 β（北河三）都是比较亮的星，其中参宿七是 0 等星，另外两颗是 1 等星。

东边这几组星以及后面升起的小犬座、大犬座是我们观察猎户座流星雨应该

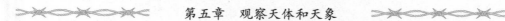

多多关注的天区。

　　一颗流星从五车二附近向仙后座的方向飞过去了！不管它是猎户座还是双子座，先把它的情况录下来再说。

　　过了很久，都没有流星出现，我感觉有些困，爸爸开始给我讲 11 年前他看到的流星雨。

　　"那是 1998 年 11 月 17 日，我和几个朋友到郊外去看狮子座流星雨。那一天，正赶上大风降温，北风吹散了盘桓半月左右的大雾，天空清亮了许多，在路上就看到有流星闪过。

　　午夜时分，我们到达了一个远离市区、人烟稀少的小山沟，一颗颗明亮的流星划过头顶，有的比天空最亮的那颗星——天狼星还要亮，激起同伴们一阵阵兴奋的欢呼。

　　3 点了，流星似乎多了，有时在几秒钟之内，同一方位就会连续出现两颗。有的流星划过了大半个夜空，亮度达到 -3 等，还有不少流星在身后留下了数十秒钟的余迹，特别是接近 4 点的那颗火流星，给人留下了极其深刻的印象。它开始出现在东边，从人们的头顶飞越而过，一直朝着仙后座跑去，穿过了大半个天穹，其亮度超过了 -6 等，留下的余迹持续了 1 分钟以上。这颗流星被我的两个同伴的照相机捕捉到了，其中一个用标准头拍摄到的精彩照片被我精心收藏在了相册里。

　　那一夜给我留下了终生难忘的印象，不仅是因为看到了此生最壮观的一场流星雨，也感受了一个最寒冷的初冬之夜，那夜的气温已经接近零下 20 摄氏度了。"

　　我真羡慕爸爸。

　　"什么时候还能看到那么壮观的流星雨？"

　　"狮子座流星雨的周期是大约 33 年，20 年后，它很可能会再一次爆发。"

　　我非常好奇："有这么壮观的流星雨，你看到大彗星了吗？"

　　"没有。那颗彗星并不是很亮，也许它已经把大部分物质都抛撒在轨道上了。"

　　"什么时候可以看到明亮的大彗星呢？"

　　"大彗星出现的概率是平均 10 年左右。上一次出现的最壮观大彗星是 2007 年 1 月 11 日过近日点的麦克诺特彗星，其最大亮度约为 -2 等。1997 年，我们非常幸运，一年里看到了两颗大彗星——百武彗星和海尔 - 波普彗星。"

东南方升起了一颗闪亮的星星，那就是大犬座 α（天狼星）。它是全天最亮的恒星，亮度为 −1.46 等。在大犬座和双子座之间，我找到了小犬座 α（南河三）。

一颗流星从毕宿五附近向西南方飞去，它应该是猎户座的了；又一颗流星从北河三向东北方飞去……大犬座升起以后，流星似乎多了。这一夜，我大约观察了 3 个小时，看到了 12 颗流星，其中有 9 颗可以肯定是猎户座的。

我期待着 20 年后我也能看到壮观的狮子座流星雨大爆发，我更期待在不久的将来能有一颗明亮的大彗星的到来。

图 5 − 5 − 2　流星雨

观察、记录

选择一个接近流星雨极大期的周末，最好是在农历二十五以后、初十之前，到郊外找一个不受灯光干扰的地方进行一次流星雨观察，记录观察到的流星。

比较值得期待的是1月3日前后的象限仪流星雨，4月22日前后的天琴座流星雨，5月5日前后的宝瓶座流星雨，8月12日前后的英仙座流星雨，10月8日前后的天龙座流星雨，11月17日前后的狮子座流星雨和12月13日前后的双子座流星雨等。

尝试拍摄流星雨。

提示

由于流星的速度很快，出现的时刻和位置都不可预料，拍摄流星雨需要打开照相机快门长时间等待。与拍摄天体周日视运动类似，拍摄流星雨也要使用胶片，而且胶片的感光度要稍微高一些，如ASA400或800，曝光时间则要根据地面的黑暗程度来确定，比拍摄天体周日视运动要适当缩短，可用5~30分钟拍摄一张。

为了获得最多星光，拍摄流星雨要使用最大光圈。

拍摄流星雨，一多半还要靠运气。流星雨出现的位置虽然有一些规律，但范围仍旧很大。用广角镜头可以照顾更大的天区，却会损失一些暗流星；一般使用定焦距标准镜头，光圈大，拍摄效果好，可以捕捉到比较暗的流星，但其缺点是视场能拍摄的范围小。事实上，即使用最大的光圈、最高速的胶片，也只能拍摄到那些比较亮的流星。

我来解释

我们能看到的流星

一个流星雨，我们能看到流星数量的多少与许多因素有关。没有到极大期是一个原因，观测地不够黑暗，使我们不能看到所有的流星也是原因之一。

预报的每小时流星量是指在最佳条件下，肉眼可见流星（亮度6.5等以上）的数量。

最佳条件包括：天气晴朗无云雾，地面黑暗无光干扰，人眼视力最好。

望远镜无助于观察流星

由于流星出没无常，运动速度快，跨越天区广，因此，不可能用望远镜追踪流星。

流星

宇宙中游荡的微小天体被称为流星体，它们可能是小行星破裂后的碎块，也可能是彗星抛撒在轨道上的碎块。

当地球与流星体相遇时，流星体与地球大气摩擦生热，燃烧发光，这就是我们看到的流星。

一颗5等流星通常仅由一个0.00006克、直径0.5毫米的流星体产生。狮子座流星雨中可见的大部分流星体直径在1毫米到1厘米之间。

流星的速度很快，在刚进入地球大气层时，其速度可达70千米/每秒以上。

小的流星划过夜空只是一闪即逝，大的流星可能很明亮，有的会因剧烈燃烧而突然增亮，即火流星，亮度超过金星（-4等星）。

由于流星体的化学成分及反应温度不同，流星会呈现不同的颜色。如钠原子会发出橘黄色的光，铁发出的是黄色的光，镁发出的是蓝绿色的光，钙发出的是紫色的光，硅发出的是红色的光等。

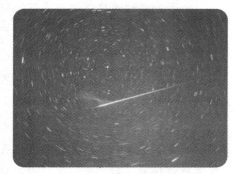

图5-5-3　火流星及其余迹

一些火流星会在空中留下烟雾状的余迹，持续数分钟甚至数十分钟才完全散去。余迹主体颜色多为绿色，是中性的氧原子，持续时间通常为1~10秒。肉眼可见的余迹亮度下降迅速，在极限星等为4~5等的情况下，一般可持续1~30分钟。

图5-5-4为2001年狮子座流星雨的一颗火流星及其余迹。在图上还可以明显看到围绕北极星的众多恒星周日视运动的轨迹。

流星雨

在地球环绕太阳运行的轨道上，有时会遇到成群的流星体，即流星群。当地球穿过流星群时，夜空中就会出现许许多多的流星，多的时候就像下雨一样。因此，它们被称为流星雨。

有些流星雨每年都会出现，没有大的变化，也有一些流星雨有着明显的周期

变化，这一般与相关彗星的运行周期有关。

当流星体颗粒刚从彗星喷出时，它们的分布是比较规则的。一般小微粒会滞后母体，大颗粒则超前于母体。但是，随着时间的推移，大行星引力的作用会改变这些颗粒的位置，它们逐渐散布于整个彗星轨道。因此，即使母彗星不在附近，也有可能发生流星雨。

还有的流星雨是瓦解的彗星形成的，今天人们已经观察不到彗星的回归了。

最著名的流星雨包括与哈雷彗星相关的宝瓶座流星雨和猎户座流星雨，它们的周期约为 76 年，上一次最大是在 1985～1986 年间。

人类历史上观察到的最壮观的流星雨则当数与坦普尔—塔特尔彗星相关的狮子座流星雨，其周期是 33.17 年。人类最早注意到狮子座流星雨是在 1833 年，最近一次上乘表演发生在 1997～2001 年间，观看过的许多人都被它的壮观所震撼。

狮子座流星雨

1833 年 11 月 12 日日落后，一些天文学家就注意到天上异常数量的流星，但给北美洲东部的人们留下深刻印象的是 13 日凌晨，在黎明前 4 小时，天空被流星点亮了！有的人怀着对科学的兴奋数出从狮子座天区每分钟放射出上千颗流星，这确实可以被称为流星暴雨了。

狮子座流星雨上一次的上乘表演是在 1966 年。美国亚利桑那的一些爱好者从 11 月 17 日凌晨 2：30 开始观测，到 3：50 流星开始增多到每小时近 200 颗，到 5：10，每分钟就有 30 颗，但这还远远没有结束，5：30 估计每分钟几百颗（已经没有办法统计数字了），5：54 估计达到了每秒 40 颗！这该是狮子座流星雨历史上最壮观的一次回归了。

延伸活动

查阅相关资料或网站，了解有关流星雨和彗星的更多信息，寻找适当的观测时机开展观测。

附录

FULU

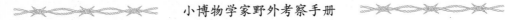
一、野外活动安全防护措施

在野外活动中，安全防范意识是非常重要的。自然探索是在大自然中观察、学习、享受，只有拥有强健的身体，才能享受到大自然赋予我们的一切美好事物。因此，具备基本的防范意识，以及掌握处理突发事件的方法都是必须的。

野外活动必带物品

在当天往返或每天可到达设施齐全的营地条件下，外出应带的物品有：指北针、手机、活动地点附近区域地图、GPS 导航仪、剪刀、雨具（山区以雨衣为宜）、饮用水、少量食品。创可帖、防蚊虫药、清凉油（药品需根据个人身体情况选择）等。

野营必备物品

帐篷、睡袋、防潮垫、野外专用炉具及燃料（野外用火必须严防引发山火，目前大部分山区是禁止带火种上山的）、净化水设备、一定量的饮水及食品储备（即使在有水源的条件下，也必须有储备饮用水，在野营中不可带散装熟食，存放在营地的食品必须有可靠的包装，以免污染）、照明设备（手电筒、帐篷灯等）、供电设备（电池、蓄电池等），药品需要增加伤风感冒药、肠胃药等。

（野营需要带的装备很多，一个人的装备平均重量在 10 千克左右，如果加上饮食和考察设备，一般人在这样负重情况下，是难以进行科学考察工作的。所以，野营途中难以进行考察，需要将宿营装备及备用食品存放在营地。）

野外考察的路线准备

野外考察应该有明确的目标，并做好充分的准备。事先查阅相关资料、地图，制定好考察计划及路线。在非开放景点进行考察，应请熟悉地形的向导带路。

野外活动的饮食安全

野外活动饮食安全的原则是：自备饮水和食品，一般情况下，在野外的饮食

是不分享的。

特别要提出的是，野外活动运动量大，能量和水的消耗量都比较大，但是在运动过程中并不是补充水和能量的最佳时机。在剧烈运动的过程中大量补充水会加剧体液的流失（过多排汗），导致喝过水后感觉更渴，在运动中口渴须少量饮水，大量补充水分的最佳时机是在营地休息时；运动过程中吃东西容易导致肠胃不适，一般吃东西前后 20 分钟内不要剧烈运动。

野外饮食必须注意卫生，手在野外可能接触各种有毒有害的物质，必须采取适当的措施避免饮食被污染。

河流、小溪的水不能随便饮用，泉水也不是都安全。在不了解情况的条件下，尽量不要饮用自然环境中的水。

不要随意采摘野果，漂亮的野果有些是有毒的，山区有时也会喷洒农药。

野外活动安全防护

野外安全的原则是，走路不看景，看景不走路。野外考察时一心不可二用，观察、拍照时要选择地势相对开阔、平坦的地方，不要在悬崖、峭壁附近停留，以防踩空及滚落碎石；在雨季，不要在靠近溪谷、河岸的地方停留，以防突发洪水及泥石流；不要在公路上停留观察，以防过往车辆酿成事故。

为了避免野外毒虫伤害，在森林、草地等植物茂密地区考察，应该做好防护措施，戴帽子、穿长袖上衣、长裤、高腰户外运动鞋、最好打绑腿。

野外突发事件的处理

迷路

迷路时不要慌张，有 GPS 可查一下所在位置（目前，许多手机具有 GPS 定位的功能），看附近是否有路。如果信号不好，要往高处走。高处信号会好一些，视野也会好一些，更容易寻找到用于定位的标志物。

外伤处理

野外活动外伤是难免的，小伤可使用创可贴，有条件的尽可能先将创口清理一下，如使用酒精擦洗，如无酒精，可先将创口挤压出少量血，再贴创可贴。如果创口比较大，则需要简单处理后用纱布包扎，并尽快送医院进一步治疗。

如果出现内伤，如扭伤脚等，非专业医护人员千万不要随意进行按摩，应尽快背伤者下山，送医院救治。

急病

团队出行，应了解队员的健康状况，根据考察地条件确定团员的身体状况能

否参与活动。如高海拔活动心肺系统不健康的人员不能参与，植物茂密区域过敏体质的人员要慎重参与，特别是在植物花期。

腹泻

野外腹泻的原因不仅是饮食卫生，中暑也可以引起腹泻。如果酷热季节在野外发生腹泻，很有可能是中暑。

处理中暑，先要让病人在阴凉通风的地方躺卧，稍事休息，补充少量的水，药物可用藿香正气或十滴水。

（倪一农）

二、考察记录表

表 1－1　城市植物类型观察记录表

观察地点：_____时间：_____年_____月_____日

编号	生存环境	数量	形态特征	季相

提示

数量是指同类植物的株数。

表1－2　植物基本形态观察记录表

观察地点：＿＿＿＿＿＿＿＿＿时间：＿＿＿＿＿＿＿年＿＿＿月＿＿＿日

编号	名称	主干		分枝	叶	花	果实及种子
		高（m）	直径（cm）				

提示

　　每观察一种植物作一个编号记录；名称不知道的可以先空缺；叶、花、果实和种子有的部分用"△"表示，没有的用"／"表示，分枝填写级数，如主干上有一级分枝填"Ⅰ"，一级分枝填"Ⅱ"，以此类推。

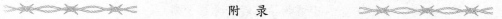

表 1-3 低等植物观察记录表

观察地点：_____时间：_____年_____月_____日

编号	名称	发现地环境	形态组成	繁殖器官	植物类型
编号	名称	发现地环境	形态组成	繁殖器官	植物类型

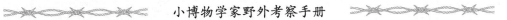
表1-4 木本植物观察记录表

观察地点：＿＿＿＿＿＿＿＿＿＿ 时间：＿＿＿＿＿＿＿＿年＿＿＿月＿＿＿日

编号	名称	高度	主干的形态	树冠	枝叶	花或果	其他

提示

高度是指树的整体高度；主干的形态指它是通直、带弯，以及是否多分枝；树冠记录其大小；枝叶可记录其大小、密度、排列方式等；如果观察时有花或果，可描述其形态；其他特征包括树的表皮纹路、毛、刺等。

表 1 - 5　园林花卉观察记录表

观察地点：_____　时间：_____年_____月_____日

编号	植物种	所属科	栽培方式	栽培时间	组成景观

提示

栽培方式指露地栽培或是盆栽；栽培时间是指长期栽培（多年生）还是季节性栽培（一年生或季节性移栽）。

表1-6　山地植物观察记录表

观察地点：_____　时间：_____年_____月_____日

编号	名称	阴坡			阳坡		
		分布高度	生长环境	生长状况	分布高度	生长环境	生长状况

表1-7 中山及亚高山草甸植物观察记录表

观察地点：_____时间：_____年_____月_____日

编号	名称	类型	海拔高度（m）	环境	备注

提示

　　名称不知道的可以先空缺；类型是指乔木、灌木、草本或苔藓、地衣；环境指坡向、坡度和上层覆盖度。

表1-8　草原植物观察记录表

观察地点：＿＿＿＿＿＿＿＿＿＿时间：＿＿＿＿＿＿＿年＿＿＿月＿＿＿日

编号	生存环境	数量	形态特征	季相

提示

形态特征包括植株大小，茎叶形态、颜色，毛刺等；季相是指其是否有花和果实等。

表2-1 鸟类观察记录表

观察地点：_____时间：_____年_____月_____日

编号	名称	数量	发现地	活动	备注

提示

　　每一次发现作为一个编号记录；名称不知道的可以先空缺；发现地填写具体的发现环境，如树上、草丛中、裸地等；活动填写观察到其主要活动方式，如行走、跳跃、飞翔、鸣叫、取食、饮水、排泄等；备注填写观察到的其他一些你认为有意思的内容。

表2-3 昆虫观察记录表

观察地点：_____时间：_____年_____月_____日

编号	名称	虫态	触角	眼	口器	翅	发现地点	目

提示

虫态是指昆虫在生命周期的阶段，即卵、幼虫、蛹、成虫等。在某一阶段可能不是每个形态特征都很显著，尽可能完整地填写即可。

表2-4 昆虫采集及观察记录表

学名：		俗名：
观察对象：♀□　♂□　成虫□　蛹□　幼虫□　卵□　其他：		
时间：　　年　　　月　　　日　　　白天 □；夜间□；清晨□；黄昏□		
天气：晴 □；阴 □；雨 □		温度：　　℃；湿度：　　%，海拔：　　m
地点：		
环境：草原□；湿地□；树林□；灌木丛□；池塘□；湖泊□；沙地□；室内□；其他：		
栖所：有巢□；自由游走□；群居□	巢型：　　　　所用材料：	
寄主：　　　　采集方法：		采集人：
标本暂时编号：		照片编号：
其他记录：		

提示

　　所有的标本一定要有详细而正确的采集记录，记录项目至少包括采集时间（年、月、日）、采集地点和采集者姓名三项。除以上的记载外，还应注意到环境状况，如气候、大气湿度等，寄主植物，采集地海拔高度，采集方法，昆虫生活习性等。记载的项目越多越详实，回来后作比较研究就越方便。

　　以上采集记录表仅供参考，实际采集时可随个人采集对象，制作出一个实用的采集记录表。要注意的是，采集地点一定要写大的地名，如北京市—门头沟区—东灵山，这样才不会发生错误。另外，写上采集者的姓名是为了表示对这些标本负责。

表2-5 野外动物观察记录表

观察地点：_____ 时间：_____年_____月_____日

编号	类别	名称	数量	发现地概况	动物活动情况	备注

表 2-6 海滨及浅海动物观察记录表

观察地点：_____ 时间：_____年_____月_____日

编号	类别	名称	形态特征	数量	栖息方式	备注

提示

形态特征可记录甲壳、螯足等，栖息方式包括固着在岩石上、隐藏在泥沙下、水草中等。

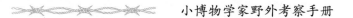

表 3-2　降雨记录表

时间 (-年-月-日-时-分)	云量 (%)	云的 颜色	云高 (m)	相对湿度 (%)	降雨情况		
					雨滴大小	雨滴密度	其他

提示

　　云量是指云覆盖天空的面积百分比；云高按照低云、中云、高云填写即可。降雨情况可根据雨滴的大小和降雨时间长短，参照参考资料中雨的分级填写。

表4-2 岩石观察记录表

编号	发现地	层理或节理	组成成分	颜色	其他特征

表 5-1　太阳观察记录表

_____年_____月_____日

观察地点	日出/日落/中天	北京时间	方位角	高度角

表 5－2　月球观察记录表

_____年_____月_____日

观察地点	时间（时/分）	方位角	高度角	月相	可见月面地形

表5–5 流星观测记录表

观测地：_____ 经度：_____ 纬度：_____

观测日期：_____年_____月_____日

观测人：_____ 观测人状况：_____

观测开始时刻：____日____时____分 结束时刻：_____日_____时_____分

观测天区：_____

天空状况：_____ 大气透明度（最微星等）：_____

编号	出现时刻 （h/m/s）	颜色	持续时间（s）	亮度（m）	速度	余迹	备注

三、非常有用的网站

中国野生动物保护协会网站 http：//www. cwca. org. cn

中国可持续发展信息网 http：//duck. ioz. ac. cn

中国科学院植物所网站 http：//www. plantphoto. cn

中国气象局 http：//www. cma. gov. cn

中科院南京地质古生物研究所网站 http：//www. nigpas. cas. cn

化石网 http：//www. uua. cn

维基百科网站 http：//zh. wikipedia. org

美国国家航空航天局官网 http：//www. nasa. gov

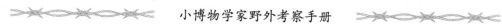

四、野外摄影基础知识

照相机的基本参数

镜头

普及型数码照相机的镜头一般比较小，大多是可变焦距的。一般在照相机的说明书上会标出光学变焦 m×（m 倍），数码变焦 n×（n 倍），这里指的是镜头的最长焦距为最短焦距的倍数。

微距：有的照相机镜头带有微距，显示为一朵小花。当小花出现时，可以在很近距离（1～2cm）内进行拍摄。这对拍摄微小的昆虫和植物的细部特征非常有帮助。单个镜头的微距以 MICRO 表示，有这一标志的镜头有微距功能，可在近距离拍摄，没有这一标志的则在近距离不能聚焦。

单反数码照相机（可换镜头的照相机）使用的镜头上都标有镜头的焦距，单位是 mm（毫米），其视场（能拍摄的范围）大小不仅与镜头焦距相关，还与照相机的传感器（CMOS）尺寸有关。高端单反数码照相机的 CMOS 尺寸为 36mm×24mm，与传统 135 照相机的底片尺寸相同，被称为全画幅，如 CANON5D；中低端一般为 22.5mm×15.0mm，面积只有全画幅的不足 40%，也称"半画幅"。因此，对于同一只镜头，用在不同的照相机上，其意义就不一样了。

照相机的镜头根据焦距的长短分为广角镜头、标准镜头和长焦镜头。

标准镜头的视场与人眼正常视力范围相当，规定为：焦距＝胶片（CMOS）的长边×1.4，即 135 照相机和全画幅数码照相机约为 50mm；而对于半画幅数码照相机来说，标准镜头的焦距就只有 30mm，50mm 的镜头就已经是接近 2 倍标准镜头的长焦距镜头了。而在半画幅上是标准镜头，用在全画幅上则成了小广角镜头。

焦距越短，视角越大，拍摄的范围则是视角的平方倍数；反之，焦距越长，视角越小。

长焦距镜头在拍摄难以靠近的物体时非常有用，但要提醒大家注意的是，数

码照相机的光学变焦有意义，数码变焦对获得清晰的画质一点帮助也没有，建议不要使用，除非你特别要获得模糊的影像。

广角镜头在拍摄大地貌景观以及云、彩虹等大气现象时非常有用。

景深

景深指的是在拍摄一幅照片时，其中能保持清晰的物体距离镜头主点最近与最远的两点之间的距离。

通常我们在拍摄带有景物的人像时，经常需要比较大的景深。但是，如果要拍人物头像的特写镜头，为了突出主体，往往就需要虚化背景。这时，就需要比较小的景深了。

景深与光圈、被摄主体的距离、镜头的焦距密切相关。光圈越大、被摄主体的距离越近、镜头的焦距越长，景深就越小；相反，景深就大。

快门

可手动控制的照相机快门可能有 M、P、S、A 四种模式。

P 全自动（程序快门），M 全手动，S 速度优先（手动选择快门速度，自动调整光圈），A 光圈优先（手动调整光圈大小，自动调整快门速度）。

在拍摄运动不大的物体时，建议使用全手动，可获得更好的效果；在拍摄快速运动的物体时，选择速度优先更加有利；在需要使用光圈控制效果时，则要选择光圈优先。

野外观察、考察摄影的通用技巧

要真实反映被观察主体的特征，摄影应注意以下问题：

一、尽量利用自然光，一般不要用闪光灯拍照，可将闪光灯设置在"禁用"。

二、拍照自然状态下的比较小的静态物体，为了突出主体，又不能移动它，需要利用微距，尽可能拉长焦距，并使用大光圈（即使在光照很强的情况下），以获得尽可能小的景深。

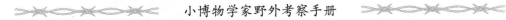

植物摄影的基本技巧

美丽的花卉常常在散射光下会显得更好看，果实则一般是在强光照射下会更精彩。色彩不够艳丽的枝叶就需要靠不同的背景或采用虚化背景等方式来突出主体了。

动物摄影的一般规律

野生动物是最难拍摄的。由于它们能够快速自由移动，而且它们常常躲在光线比较暗的地方，拍照中矛盾很多。

动物大多很警觉，难以靠近，远距离拍摄，使用长焦距，闪光灯又用不上，只能尽量选择光照条件好的地方拍摄。

在光照不足时，不能用放慢快门速度解决。即使有三脚架，被摄物体的运动仍旧会使影像变得模糊不清。只能选择用大光圈，可以选择自动聚焦。这又引出数码相机拍摄动物的另一大困难，即快门响应速度较慢，好的动物照片非常难抓拍到。

对于地面行走或爬行的动物，使用手动聚焦可获得较好的效果。方法是，根据动物运动的方向，确定其未来到达的位置，定好焦距，对准它。当它到达预定位置时，按下快门。对于飞翔的动物，要做到这一点非常难。

拍摄水中动物要注意选择好角度，因为水能反光，还有倒影，对主体影像会有影响。

气象摄影

大气现象比较宏观，而且瞬息万变，最难拍的是闪电，因为当你看到它时再按快门，就已经来不及了。闪电一般是靠预测抓拍到的。此外，要拍好云、雨、冰雹、彩虹等，也需要一定的技巧。

水体摄影

水体由于反光，其亮度常常要高一些，一般需要减少一挡曝光。

流水和浪花等有不同的运动速度，要拍摄出有动感的照片，可适当放慢快门速度；如果要拍摄清晰的水纹和浪花，则需要快速度，一般快门速度要在1/200秒以上；瀑布的水流速度更快，快门速度还应该再高一些。

岩石和矿物摄影

在野外，岩石和矿物上往往有一层风化壳掩盖了其细部特征。用水冲一下，再利用比较强的日光，可获得更好的效果。

大地貌景观摄影

灿烂的阳光，特别是侧面光会给地貌景观提神。

当我们站在山顶时，可能会观赏到极其壮观的场景。这时，再大的广角镜头都显得不够了，可以利用软件拼接技术将多幅照片拼接起来。不过，在拍照时就要预先设计好，需要注意以下三点：一、拍照时，照片拼接部位要有一定的重叠部分；二、拍照时，照相机要尽量水平或垂直移动；三、尽可能使每幅照片在近似的光照条件下。